茶經·續茶經

〔唐〕陸　羽
〔清〕陸廷燦　撰

廣陵書社
中國·揚州

圖書在版編目（CIP）數據

茶經 / (唐) 陸羽撰. 續茶經 / (清) 陸廷燦撰. --揚州 : 廣陵書社, 2023.3
(國學經典叢書)
ISBN 978-7-5554-2008-8

Ⅰ. ①茶… ②續… Ⅱ. ①陸… ②陸… Ⅲ. ①茶文化—中國—古代 Ⅳ. ①TS971.21

中國國家版本館CIP數據核字(2023)第060281號

書　名　茶經·續茶經
撰　者　〔唐〕陸　羽　〔清〕陸廷燦
責任編輯　孫語婧
出 版 人　曾學文
裝幀設計　鴻儒文軒

出版發行　廣陵書社
揚州市四望亭路 2-4 號　郵編:225001
(0514)85228081(總編辦)　85228088(發行部)
http://www.yzglpub.com　E-mail:yzglss@163.com
印　刷　三河市華東印刷有限公司

開　本　880 毫米×1230 毫米　1/32
印　張　12.625
字　數　150 千字
版　次　2023 年 3 月第 1 版
印　次　2023 年 3 月第 1 次印刷
書　號　ISBN 978-7-5554-2008-8
定　價　58.00 圓

陆羽像

編輯説明

自上世紀九十年代始，我社陸續編輯出版一套綫裝本中華傳統文化普及讀物，名爲《文華叢書》。編者孜孜矻矻，兀兀窮年，歷經二十載，聚爲上百種，集腋成裘，蔚爲可觀。叢書以内容經典、形式古雅、編校精審，深受讀者歡迎，不少品種已不斷重印，常銷常新。

國學經典，百讀不厭，其中蘊含的生活情趣、生命哲理、人生智慧，以及家國情懷、歷史經驗、宇宙真諦，令人回味無窮，啓迪至深。爲了方便讀者閲讀國學原典，更廣泛地普及傳統文化，特于《文華叢書》基礎上，重加編輯，推出《國學經典叢書》。

本叢書甄選國學之基本典籍，萃精華于一編。以内容言，所選均爲家喻户曉的經典名著，涵蓋經史子集，包羅詩詞文賦、小品蒙書，琳琅滿目；以篇幅言，每種規模不大，或數種彙于一書，便于誦讀；以形式言，採用傳統版式，字大文簡，讀來令人賞心悦目；以編輯言，力求精擇良善版本，細加校勘，注重精讀原文，偶作簡明小注，或酌配古典版畫，體現編輯的匠心。

當下國學典籍的出版方興未艾，品質參差不齊。希望這套我社經年打造的品牌叢書，能爲讀者朋友閱讀經典提供真正的精善讀本。

廣陵書社編輯部

二〇二三年三月

出版説明

茶者，南方之嘉木。它有着悠久的歷史。相傳『神農嘗百草，日遇七十二毒，得茶而解之』（《神農本草經》），荼，即茶。在現存最早的一部字書《爾雅》中，已有茶茗的記載。漢代，飲茶已開始成爲上流社會的一種風尚，不過那時見諸文字記載的茶事并不太多。從魏晋時代起，茶與酪、酒一樣，成爲筵宴中的佳品，史籍中也有以茶代酒的美談。盛唐時代，飲茶更爲普及。此時，出現了中國第一部寫茶的專著——《茶經》。

《茶經》的作者是唐代陸羽，《新唐書》有其傳。陸羽（七三三—八〇四），字鴻漸，一名疾，字季疵，復州竟陵（今湖北天門）人。居吴興（今浙江湖州），號竟陵子；居上饒（即今江西上饒），號東崗子；居南越（今廣東),稱桑苧翁。自撰《陸文學自傳》。不知所生,或言有僧得諸水濱,畜之。既長,以《易》自筮,得《蹇》之《漸》,曰:『鴻漸于陸,其羽可用爲儀。』乃以陸爲氏,名而字之。一生嗜茶,精于茶道,隱居浙江吴興苕溪,閉門著書,撰寫《茶經》三卷。

《茶經》集中唐以前茶學之大成,是中國乃至世界上第一部關于茶的專門著作,在茶文化史上占有無可比擬的重要地位。全書三卷,以茶之源、茶之具、茶之造、茶之器、茶之煮、茶之飲、茶之事、茶之出、茶之略、茶之圖十個門類,記載了茶的起源及相關知識、有關茶史和人物、唐代茶葉的分布等。宋陳師道在爲《茶經》作序時稱:『夫茶之著書,自羽始。其用于世,亦自羽始,羽誠有功于茶者也。』正因此,陸羽被後人奉爲『茶聖』,《茶經》也被譽爲『中國茶文化之經典』。

宋代，飲茶風氣更盛，茶成了人們日常生活不可或缺的東西，所謂開門七件事：柴、米、油、鹽、醬、醋、茶。宋人好茶，比起唐人有過之而無不及。此時出現了宋代茶史上非常有名的皇家專貢茶：北苑貢焙。上之所好，下必甚焉。由于皇家的倡導與文人的推崇，宋代茶葉製作和煮飲不斷專精，民間也以『品茶』『鬥茶』爲樂。宋人以爲『品茶：一人得神，二人得趣，三人得味，六七人是名施茶』（《黄山谷集》）。宋代的茶學著作也較多，有蔡襄《茶録》、熊蕃《宣和北苑貢茶録》、黄儒《品茶要録》、無名氏《北苑别録》、宋徽宗趙佶《大觀茶論》等。總的來説，宋代及宋以後的茶學著作，都没有能超過陸羽的《茶經》體系，衹是内容漸有更新而已，精華部分都是互相轉抄，代代相因。

明清時期，隨着散茶和葉茶的發展，飲茶對人們生活的影響也越來越明顯，可謂『壺中天地寄閑情』『何可一日無此君』。清代，中國學術研究在許多領域達到了最高峰。如清代的經學、史學均足以凌駕前代，碩果纍纍。經學發展到清代，已經到了後人無法超越的集大成的境地。此時，茶學著作也出現了集成之作，即陸廷燦的《續茶經》。

陸廷燦，字秋昭，一字幔亭，清代江蘇嘉定人。曾在主要産茶區福建崇安（今武夷山市）任知縣，候補主事。因感于唐《茶經》之後，茶法屢變，于今多異，檢索不便，故依《茶經》目次，將歷代茶書、茶文以及散見于筆記、史志、詩話和其他論著中的茶事資料彙編成册，故名《續茶經》。此書初創于崇安任上（一七一七—一七二〇），歸田後（雍正乙卯年，一七三四）訂輯成編。凡三卷，共分十類：源、具、造、器、煮、飲、事、出、略、圖。末附茶法一卷。這是一部内容豐富、編次有法的集大成之作，《四庫全書總目提要》稱其『訂定補葺，頗切實用，其徵引亦頗繁富』。《續茶經》中保存了大量稀見的茶文化史料，具有較高的學術價值和史料價值。

『一碗喉吻潤；二碗破孤悶；三碗搜枯腸，惟有文字五千卷；四碗發輕汗，平生不平事，盡向毛孔散；五碗肌骨清；六碗通仙靈；七碗喫不得也，唯覺兩腋習習清風生。』（唐代盧仝《七碗唱歌》）『七碗茶』可謂把飲茶的愉悦與美感推到了極致。『味如甘露勝醍醐，服之頓覺沉疴甦。身輕便欲登天衢，不知天上有茶無。』宋白玉蟾的《茶歌》也印證了人們對茶的喜愛。『人在草木中』，茶不僅是一種飲料，更是一種文化。《茶經》倡導的『精行儉德』思想，構建了中國茶文化的核心道德觀。中國功夫茶有『五行四德』。五行者，茶爲草木之屬，炭爲火之屬，泉爲水之屬，器皿爲金、土之屬，一茶備，五行全。四德者，净、静、謹、敬是也。

本次我社將《茶經·續茶經》正續合一，彙編成册，列入《文華叢書》之中，綫裝出版，爲廣大讀者提供了中國茶文化的經典讀本。期望在讀書飲茶之餘，體味到中國茶文化的博大精深。此次整理，《茶經》主要以南宋咸淳刊《百川學海》本爲底本，《續茶經》以文淵閣《四庫全書》本爲底本，并參校其他通行本。個别差異處作注，附于各卷之後。《續茶經》係資料摘録，引文較多，原底本引用書目多以紅字標識，現改爲黑體字，便于讀者閱讀。

廣陵書社編輯部

二〇二三年三月

茶經

〔唐〕陸羽 撰

茶經

目録

茶經卷上

一之源

茶者，南方之嘉木也。一尺、二尺乃至數十尺；其巴山峽川有兩人合抱者，伐而掇之。其樹如瓜蘆，葉如梔子，花如白薔薇，實如栟櫚，蒂[一]如丁香，根如胡桃。瓜蘆木，出廣州，似茶，至苦澀。栟櫚，蒲[二]葵之屬，其子似茶。胡桃與茶，根皆下孕，兆至瓦礫，苗木上抽。

其字，或從草，或從木，或草木并。從草，當作『茶』，其字出《開元文字音義》。從木，當作『𣗪』，其字出《本草》。草木并，作『荼』[三]，其字出《爾雅》。

其名，一曰茶，二曰檟，三曰蔎，四曰茗，五曰荈。周公云：『檟，苦荼。』揚執戟[四]云：『蜀西南人謂茶曰蔎。』郭弘農云：『早取爲茶[五]，晚取爲茗，或曰荈耳。』

其地，上者生爛石，中者生礫[六]壤，下者生黃土。凡藝而不實，植而罕茂。法如種瓜，三歲可採。野者上，園者次。陽崖陰林，紫者上，緑者次；笋者上，牙者次；葉卷上，葉舒次。陰山坡谷者，不堪採掇，性凝滯，結瘕疾。

茶之爲用，味至寒，爲飲，最宜精行儉德之人。若熱渴、凝悶、腦疼、目澀、四肢煩、百節不舒，聊四五啜，與醍醐、甘露抗衡也。

採不時，造不精，雜以卉莽，飲之成疾。茶爲累也，亦猶人參。上者生上黨，中者生百濟、新羅，下者生高麗。有生澤州、易州、幽州、檀州者，爲藥無効，況非此者！設服薺苨，使六疾不瘳。知人參爲累，則茶累盡矣。

二之具

籝加追反，一曰籃，一曰籠，一曰筥。以竹織之，受五升，或一斗、二斗、三斗者，茶人負以採茶也。籝，《漢書》音盈，所謂『黄金滿籝，不如一經』。顔師古云：『籝，竹器也，受四升耳。』

竈，無用突者。釜，用脣口者。

甑，或木或瓦，匪腰而泥。籃以箄之，篾以系之。始其蒸也，入乎箄；既其熟也，出乎箄。釜涸，注於甑中，甑，不帶而泥之。又以穀木枝三椏[七]者製之，散所蒸牙笋并葉，畏流其膏。

杵臼，一名碓，惟恒用者爲佳。

規，一曰模，一曰棬。以鐵製之，或圓，或方，或花。

承，一曰臺，一曰砧。以石爲之。不然，以槐、桑木半埋地中，遣無所摇動。

檐，一曰衣。以油絹或雨衫、單服敗者爲之。以檐置承上，又以規置檐上，以造茶也。茶成，舉而易之。

芘莉音杷離，一曰籯[八]子，一曰篣筤，以二小竹，長三尺[九]，軀二尺五寸，柄五寸。以篾織方眼，如圃人土籮，闊二尺，以列茶也。

棨，一曰錐刀。柄以堅木爲之，用穿茶也。

撲，一曰鞭。以竹爲之，穿茶以解茶也。

焙，鑿地深二尺，闊二尺五寸，長一丈。上作短墻，高二尺，泥之。

貫，削竹爲之，長二尺五寸，以貫茶焙之。

棚，一曰棧。以木構於焙上，編木兩層，高一尺，以焙茶也。茶之半乾，昇下棚；全乾，昇上棚。

穿音釧，江東、淮南剖竹爲之。巴川峽山紉穀皮爲之。江東以一斤爲上穿，半斤爲中穿，四兩五兩爲小穿。峽中以一百二十斤爲上穿[一〇]，八十斤爲中穿，五十斤爲小穿。穿[一二]字舊作釵釧之『釧』字，或作貫串。今則不然，如磨、扇、彈、鑽、縫五字，文以平聲書之，義以去聲呼之，其字以『穿』名之。

育，以木製之，以竹編之，以紙糊之。中有隔，上有覆，下有床，傍有門，掩一扇。中置一器，貯煻煨火，令煴煴然。江南梅雨時，焚之以火。育者，以其藏養爲名。

三之造

凡採茶，在二月、三月、四月之間。

茶之笋者，生爛石沃土，長四五寸，若薇蕨始抽，凌露採焉。茶之牙者，發於藂薄之上，有三枝、四枝、五枝者，選其中枝穎拔者採焉。其日有雨不採，晴有雲不採；晴，採之，蒸之，搗之，拍之，焙之，穿之，封之，茶之乾矣。

茶有千萬狀，鹵莽而言，如胡人靴者，蹙縮然京錐文也；犎牛臆者，廉襜然；浮雲出山者，輪囷[一二]然；輕飆拂水也，涵澹然。有如陶家之子，羅膏土以水澄泚之謂澄泥也。又如新治地者，遇暴雨流潦之所經。此皆茶之精腴。有如竹籜者，枝幹堅實，艱於蒸搗，故其形籭簁然上離下師。有如霜荷者，莖葉凋沮，易其狀貌，故厥狀委悴[一三]然。此皆茶之瘠老者也。

自採至於封，七經目。自胡靴至於霜荷，八等。或以光黑平正言嘉者，斯鑒之下也；以皺黃坳垤言佳者，鑒之次也；若皆言嘉及皆言不嘉者，鑒之上也。何者？出膏者光，含膏者皺；宿製者則黑，日成者則黃；蒸壓則平正，縱之則坳垤。此茶與草木葉一也。茶之否臧，存於口訣。

【注】

[一]蒂：底本作『葉』。

[二]蒲：底本作『藏』。

[三]茶：底本作『茶』。

[四]揚執戟：底本作『楊執戟』。下同。

[五]茶：底本作『茶』。

[六]礫：底本作『櫟』。

[七]椏：底本作『亞』。

[八]籯：底本作『羸』。

[九]尺：底本作『赤』。下同。

[一〇]底本脱『穿』字。

［一一］底本脱『穿』字。

［一二］囷：底本作『菌』。

［一三］悴：底本作『萃』。

茶經卷中

四之器

風爐灰承　筥　炭檛　火筴　鍑　交床　夾
紙囊　碾拂末　羅合　則　水方　漉水囊　瓢
竹筴　鹺簋揭　熟盂　碗　畚　札　滌方
滓方[二]　巾　具列　都籃

風爐灰承

風爐，以銅、鐵鑄之，如古鼎形。厚三分，緣闊九分，令六分虛中，致其杇墁。凡三足，古文書二十一字：一足云：『坎上巽下離于中』；一足云：『體均五行去百疾』；一足云：『聖唐滅胡明年鑄。』其三足之間，設三窗。底一窗以爲通飆漏燼之所。上並古文書六字，一窗之上書『伊公』二字，一窗之上書『羹陸』二字，一窗之上書『氏茶』二字。所謂『伊公羹、陸氏茶』也。置墆埭於其内，設三格：其一格有翟焉，翟者，火禽也，畫一卦曰離；其一格有彪焉，彪者，風獸也，畫一卦曰巽；其一格有魚焉，魚者，水蟲也，畫一卦曰坎。巽主風，離主火，坎主水，風能興火，火能熟水，故備其三卦焉。其飾，以連葩、垂蔓、曲水、方文之類。其爐，或鍛鐵爲之，或運泥爲之，其灰承，作三足鐵柈檯之。

筥

筥，以竹織之，高一尺二寸，徑闊七寸。或用藤，作木楦如筥形織之，六出固眼。其底蓋若利篋口，鑠之。

炭檛

炭檛，以鐵六稜製之。長一尺，鋭上[二]豐中，執細頭系一小鐶以飾檛也，若今之河隴軍人木吾也。或作鎚，或作斧，隨其便也。

火筴

火筴，一名筯，若常用者，圓直一尺三寸。頂平截，無葱臺勾鏁之屬，以鐵或熟銅製之。

鍑音輔，或作釜，或作鬴。

鍑，以生鐵爲之。今人有業冶者，所謂急鐵，其鐵以耕刀之趄鍊而鑄之。内模[三]土而外模沙。土滑於内，易其摩滌；沙澀於外，吸其炎焰。方其耳，以正令也。廣其緣，以務遠也。長其臍，以守中也。臍長，則沸中；沸中，則末易揚；末易揚，則其味淳也。洪州以瓷爲之，萊州以石爲之。瓷與石皆雅器也，性非堅實，難可持久。用銀爲之，至潔，但涉於侈麗。

雅則雅矣，潔亦潔矣，若用之恒，而卒歸於銀也。

交床

交床，以十字交之，剜中令虛，以支鍑也。

夾

夾，以小青竹爲之，長一尺二寸。令一寸有節，節已上剖之，以炙茶也。彼竹之篠，津潤於火，假其香潔以益茶味，恐非林谷間莫之致。或用精鐵、熟銅之類，取其久也。

紙囊

紙囊，以剡藤紙白厚者夾縫之。以貯所炙茶，使不泄其香也。

碾拂末

碾，以橘木爲之，次以梨，桑、桐、柘爲之[四]。内圓而外方。内圓備於運行也，外方制其傾危也。内容墮而外無餘木。墮，形如車輪，不輻而軸焉。長九寸，闊一寸七分。墮徑三寸八分，中厚一寸，邊厚半寸。軸中方而執圓。其拂末以鳥羽製之。

羅合

羅末，以合蓋貯之，以則置合中。用巨竹剖而屈之，以紗絹衣之。其合以竹節爲之，或屈杉以漆之，高三寸，蓋一寸，底二寸，口徑四寸。

則

則，以海貝、蠣蛤之屬，或以銅、鐵，竹匕策之類。則者，量也，准也，度也。凡煮水一升，用末方寸匕，若好薄者減之，嗜濃者增之，故云則也。

水方

水方，以椆木、槐、楸、梓等合之，其裏并外縫漆之，受一斗。

漉水囊

漉水囊，若常用者，其格以生銅鑄之，以備水濕，無有苔穢、腥澀意，以熟銅苔穢，鐵腥澀也。林栖谷隱者，或用之竹木。木與竹非持久涉遠之具，故用之生銅。其囊，織青竹以捲之，裁碧縑以縫之，細翠鈿以綴之。又作緑油囊以貯之。圓徑五寸，柄一寸五分。

瓢

瓢，一曰犧杓。剖瓠爲之，或刊木爲之。晋舍人杜育[五]《荈賦》云：『酌之以匏』。匏，瓢也，口闊，脛薄，柄短。永嘉中，餘姚人虞洪入瀑布山採茗，遇一道士云：『吾，丹丘子，祈子他日甌犧之餘，乞相遺也。』犧，木杓也。今常用以梨木爲之。

竹筴

竹筴，或以桃、柳、蒲葵木爲之，或以柿心木爲之。長一尺，銀裹兩頭。

鹺簋 揭

鹺簋，以瓷爲之。圓徑四寸，若合形，或瓶，或罍，貯鹽花也。其揭，竹製，長四寸一分，闊九分。揭，策也。

熟盂

熟盂，以貯熟水，或瓷，或砂，受二升。

碗

碗，越州上，鼎州次，婺州次，丘州次，壽州、洪州次。或者以邢州處越州上，殊爲不然。若邢瓷類銀，越瓷類玉，邢不如越一也；若邢瓷類雪，則越瓷類冰，邢不如越二也；邢瓷白而茶色丹，越瓷青而茶色緑，邢不如越三也。晋杜育《荈賦》所謂『器擇陶揀，出自東甌』。甌，越也，甌越州上。

口唇不卷，底卷而淺，受半升已下。越州瓷、丘瓷皆青，青則益茶。茶作白紅之色。邢州瓷白，茶色紅；壽州瓷黄，茶色紫；洪州瓷褐，茶色黑；悉不宜茶。

畚

畚，以白蒲捲而編之，可貯碗十枚。或用筥。其紙帊以剡紙夾縫，令方，亦十之也。

札

札，緝栟櫚皮以茱萸木夾而縛之，或截竹束而管之，若巨筆形。

滌方

滌方，以貯滌洗之餘，用楸木合之，制如水方，受八升。

滓方

滓方，以集諸滓，製如滌方，處五升。

巾

巾，以絁布爲之。長二尺，作二枚，互[六]用之，以潔諸器。

具列

具列，或作床，或作架。或純木、純竹而製之；或木，或[七]竹，黄黑可扃而漆者。長三尺，闊二尺，高六寸。具列[八]者，悉斂諸器物，悉以陳列也。

都籃

都籃，以悉設諸器而名之。以竹篾内作三角方眼，外以雙篾闊者經之，以單篾纖者縛之，遞壓雙經，作方眼，使玲瓏。高一尺五寸，底闊一尺，高二寸，長二尺四寸，闊二尺。

【注】

[一]底本脱『滓方』二字。

[二]上：底本作『二』。

[三]模：底本作『摸』。下同。

[四]之：底本作『臼』。

[五]杜育：底本作『杜毓』。下同。

[六]互：底本作『玄』。

[七]或：底本作『法』。

[八]具列：底本作『其到』。

茶經卷下

五之煮

凡炙茶，慎勿於風燼間炙，熛焰如鑽，使炎涼不均。持以逼火，屢其翻正，候炮普教反出培塿，狀蝦蟆背，然後去火五寸。卷而舒，則本其始又炙之。若火乾者，以氣熟止；日乾者，以柔止。

其始，若茶之至嫩者，蒸[一]罷熱搗，葉爛而牙笋存焉。假以力者，持千鈞杵亦不之爛，如漆科珠，壯士接之，不能駐其指。及就，則似無穰[二]骨也。炙之，則其節若倪倪，如嬰兒之臂耳。既而承熱用紙囊貯之，精華之氣無所散越，候寒末之。末之上者，其屑如細米；末之下者，其屑如菱角。

其火，用炭，次用勁薪。謂桑、槐、桐、櫪之類也。其炭，曾經燔炙，爲膻膩所及，及膏木、敗器不用之。膏木爲柏、桂、檜也。敗器謂杇廢器也。古人有勞薪之味，信哉！

其水，用山水上，江水中，井水下。《荈賦》所謂『水則岷方之注，揖彼清流』。其山水，揀乳泉、石池[三]慢流者上；其瀑湧湍漱，勿食之，久食令人有頸疾。又多別流於山谷者，澄浸不泄，自火天至霜郊以前，或潛龍蓄毒於其間，飲者可決之，以流其惡，使新泉涓涓然，酌之。其江水取去人遠者，井取汲多者。

其沸，如魚目，微有聲，爲一沸；緣邊如湧泉連珠，爲二沸；騰波鼓浪，爲三沸，已上水老，不可食也。初沸，則水合量調之以鹽味，謂棄其啜餘，啜，嘗也，市稅反，又市悅反。無乃𪉟𪊃而鍾其一味乎。上古暫反，下吐濫反，無味也。第二沸出水一瓢，以竹筴環激湯心，則量末當中心而下。有頃，勢若奔濤濺沫，以所出水止之，而育其華也。

凡酌，至諸碗，令沫餑均。《字書》并《本草》：餑，茗沫也。蒲笏反。沫餑，湯之華也。華之薄者曰沫，厚者曰餑。細輕者曰花，如棗花漂漂然於環池之上；又如迴潭曲渚青萍之始生；又如晴天爽朗有浮雲鱗然。其沫者，若綠錢浮於水渭；又如菊英墮於樽俎之中。餑者，以滓煮之，及沸，則重華累沫，皤皤然若積雪耳。《荈賦》所謂『煥如積雪，燁若春藪』，有之。

第一煮沸水，而棄其沫，之上有水膜如黑雲母，飲之則其味不正。其第一者爲雋永，徐縣、全縣二反。至美者曰雋永。雋，味也。永，長也。味[四]長曰雋永，《漢書》：蒯通著《雋永》二十篇也。或留熟盂[五]以貯之，以備育華救沸之用。諸第一與第二、第三碗次之，第四、第五碗外，非渴甚莫之飲。凡煮水一升，酌分五碗。碗數少至三，多至五。若人多至十，加兩爐。乘熱連飲之，以重濁凝其下，精英浮其上。如冷，則精英隨氣而竭，飲啜不消亦然矣。

茶性儉，不宜廣，廣則其味黯澹。且如一滿碗，啜半而味寡，况其廣乎！其色緗也，其馨𩡶也。香至美曰𩡶，𩡶，音使。其味甘，檟也；不甘而苦，荈也；啜苦咽甘，茶也。一本云：其味苦而不甘，檟也；甘而不苦，荈也。

六之飲

翼而飛，毛而走，呿[六]而言，此三者俱生於天地間，飲啄以活，飲之時義遠矣哉！至若救渴，飲之以漿；蠲憂忿，飲之以酒；蕩昏寐，飲之以茶。

茶之爲飲，發乎神農氏，聞[七]於魯周公，齊有晏嬰，漢有揚雄、司馬相如，吴有韋曜，晋有劉琨、張載、遠祖納、謝安、左思之徒，皆飲焉。滂時浸俗，盛於國朝，兩都并荆渝[八]間，以爲比屋之飲。

飲有粗茶、散茶、末茶、餅茶者。乃斫、乃熬、乃煬、乃舂，貯於瓶缶之中，以湯沃焉，謂之痷茶。或用葱、薑、棗、橘皮、茱萸、薄荷[九]之等，煮之百沸，或揚令滑，或煮去沫，斯溝渠間棄水耳，而習俗不已。

於戲！天育萬物，皆有至妙。人之所工，但獵淺易。所庇者屋，屋精極；所著者衣，衣精極；所飽者飲食，食與酒皆精極之。茶有九難：一曰造，二曰別，三曰器，四曰火，五曰水，六曰炙，七曰末，八曰煮，九曰飲。陰採夜焙，非造也；嚼味嗅香，非別也；膻鼎腥甌，非器也；膏薪庖炭，非火也；飛湍壅潦，非水也；外熟内生，非炙也；碧粉縹塵，非末也；操艱攪遽，非煮也；夏興冬廢，非飲也。

夫珍鮮馥烈者，其碗數三。次之者，碗數五。若坐客數至五，行三碗；至七，行五碗；若六人已下，不約碗數，但闕一人而已，其雋永補所闕人。

七之事

三[一〇]皇：炎帝神農氏。

周：魯周公旦，齊相晏嬰。

漢：仙人丹丘子，黄山君，司馬文園令相如，揚執戟雄。

吴：歸命侯，韋太傅弘嗣。

晋：惠帝，劉司空琨，琨兄子兖州刺史演，張黄門孟陽，傅司隸咸，江洗馬統[一一]，孫參軍楚，左記室太沖，陸吴興納，納兄子會稽内史俶，謝冠軍安石，郭弘農璞，桓揚州温，杜舍人育，武康小山寺釋法瑶，沛國夏侯愷，餘姚虞洪，北地傅巽，丹陽弘君舉，樂[一二]安任育長，宣城秦精，燉煌單道開，剡縣陳務妻，廣陵老姥，河内山謙之。

後魏：瑯琊王肅。

宋：新安王子鸞，鸞弟豫章王子尚，鮑昭妹令暉，八公山沙門曇濟[一三]。

齊：世祖武帝。

梁：劉廷尉，陶先生弘景。

皇朝：徐英公勣。

《神農食經》：『茶茗久服，令人有力、悦志。』

周公《爾雅》：『檟，苦荼[一四]。』

《廣雅》云：『荆、巴間採葉作餅，葉老者，餅成，以米膏出之。欲煮茗飲，先炙令赤色，搗末，置瓷器中，以湯澆覆之，用葱、薑、橘子芼之。其飲醒酒，令人不眠。』

《晏子春秋》：『嬰相齊景公時，食脱粟之飯，炙三弋、五卵[一五]，茗菜而已。』

司馬相如《凡將篇》：『烏喙、桔梗、芫華、款冬、貝母、木蘗、蔞、芩草、芍藥、桂、漏蘆、蜚廉、雚菌、荈詫、白斂、白芷、菖蒲、芒消、莞椒、茱萸。』

《方言》：『蜀西南人謂茶曰蔎[一六]。』

《吴志·韋曜傳》：『孫皓每饗宴，坐席無不率以七升[一七]爲限，雖不盡入口，皆澆灌取盡。曜飲酒不過二升，皓初禮異，密賜茶荈以代酒。』

《晋中興書》：『陸納爲吴興太守時，衛將軍謝安常欲詣納，《晋書》云：納爲吏部尚書。納兄子俶怪納無所備，不敢問之，乃私蓄十數人饌。安既至，所設唯茶果而已。俶遂陳盛饌，珍羞必具。及安去，納杖俶四十，云：「汝既不能光益叔父，奈何穢吾素業？」』

《晋書》：『桓温爲揚州牧，性儉，每讌飲，唯下七奠柈茶果而已。』

《搜神記》：『夏侯愷因疾死。宗人字苟奴察見鬼神。見愷來收馬，并病其妻。著平上幘、單衣，入坐生時西壁大床，就人覓茶飲。』

劉琨《與兄子南兗州刺史演書》云：『前得安州乾薑一斤，桂一斤，黄芩一斤，皆所須也。吾體中憒[一八]悶，常仰真茶，汝可置之。』

傅咸《司隸教》曰：『聞南方有以困蜀嫗作茶粥賣，爲廉事打破其器具者[一九]，又賣餅於市。而禁茶粥以蜀姥，何哉？』

《神異記》：『餘姚人虞洪入山採茗，遇一道士，牽三青牛，引洪至瀑布山，曰：「予，丹丘子也。聞子善具飲，常思見惠。山中有大茗，可以相給。祈子他日有甌犧之餘，乞相遺也。」因立奠祀。後常令家人入山，獲大茗焉。』

左思《嬌女詩》：『吾家有嬌女，皎皎頗白皙。小字爲紈素，口齒自清歷。有姊字蕙芳，眉目粲如畫。馳鶩翔園林，果下皆生摘。貪華風雨中，倏忽數百適。心爲茶荈劇，吹噓對鼎鑩。』

張孟陽《登成都樓》詩云：『借問揚子舍，想見長卿廬。程卓累千金，驕侈擬五侯。門有連騎客，翠帶腰吴鈎。鼎食隨時進，百和妙且殊。披林採秋橘，臨江釣春魚。黑子過龍醢，果饌逾蟹蝑。芳茶冠六清，溢味播九區。人生苟安樂，玆土聊可娱。』

傅巽《七誨》：『蒲桃宛柰，齊柿燕栗，峘陽黄梨，巫山朱橘，南中茶子，西極石蜜。』

弘君舉《食檄》：『寒温既畢，應下霜華之茗；三爵而終，應下諸蔗、木瓜、元李、楊梅、五味、橄欖、懸豹、葵羹各一杯。』

孫楚《歌》：『茱萸出芳樹顛，鯉魚出洛水泉。白鹽出河東，美豉出魯淵。薑、桂、茶荈出巴蜀，椒、橘、木蘭出高山。蓼蘇出溝渠，精稗出中田。』

華佗《食論》：『苦茶久食，益意思。』

壺居士《食忌》：『苦茶久食，羽化；與韭同食，令人體重。』

郭璞《爾雅注》云：『樹小似梔子，冬生葉可煮羹飲。今呼早取爲茶，晚取爲茗，或一曰荈，蜀人名之苦茶』。

《世説》：『任瞻，字育長，少時有令名，自過江失志。既下飲，問人云：「此爲茶？爲茗？」覺人有怪色，乃自申[二〇]明云：「向問飲爲熱爲冷。」』

《續搜神記》：『晋武帝時，宣城市人秦精，常入武昌山採茗，遇一毛人，長丈餘，引精至山下，示以叢茗而去。俄而復還，乃探懷中橘以遺精。精怖，負茗而歸。』

《晋四王起事》：『惠帝蒙塵還洛陽，黄門以瓦盂盛茶上至尊。』

《異苑》：『剡縣陳務妻，少與二子寡居，好飲茶茗。以宅中有古冢，每飲輒先祀之。二子患之曰：「古冢何知？徒以勞意！」欲掘去之，母苦禁而止。其夜，夢一人云：「吾止此冢三百餘年，卿二子恒欲見毁，賴相保護，又享吾佳茗，雖潛壤朽骨，豈忘翳桑之報！」及曉，於庭中獲錢十萬，似久埋者，但貫新耳。母告二子，慚之，從是禱饋愈甚。』

《廣陵耆老傳》：『晋元帝時，有老嫗每旦獨提一器茗，往市鬻之。市人競買，自旦至夕，其器不減。所得錢散路傍孤貧乞人，人或異之。州法曹縶之獄中。至夜，老嫗執所鬻茗器，從獄牖中飛出。』

《藝術傳》：『燉煌人單道開，不畏寒暑，常服小石子。所服藥有松、桂、蜜之氣，所飲茶蘇而已。』

釋道說[二一]《續名僧傳》：『宋釋法瑤，姓楊氏，河東人。元嘉[二二]中過江，遇沈臺真，請真君武康小山寺，年垂懸車。飯所飲茶。大明[二三]中，敕吴興禮致上京，年七十九。』

宋《江氏家傳》：『江統，字應元[二四]，遷愍懷太子洗馬，常上疏。諫云：「今西園賣醯、麵、藍子、菜、茶之屬，虧敗國體。」』

《宋録》：『新安王子鸞、豫章王子尚詣曇濟道人於八公山，道人設茶茗。子尚味之曰：「此甘露也，何言茶茗？」』

王微《雜詩》：『寂寂掩高閣，寥寥空廣厦。待君竟不歸，收領今就檟。』

鮑昭妹令暉著《香茗賦》。

南齊世祖武皇帝《遺詔》：『我靈座上慎勿以牲爲祭，但設餅果、茶飲、乾飯、酒脯而已』。

梁劉孝綽《謝晋安王餉米等啓》：『傳詔李孟孫宣教旨，垂賜米、酒、瓜、笋、菹、脯、酢、茗八種。氣苾新城，味芳雲松。江潭抽節，邁昌荇之珍；疆場擢翹，越葺精之美。羞非純束野麐，裛似雪之驢。鲊異陶瓶河鯉，操如瓊之粲。茗同食粲，酢類望柑[一二五]。免千里宿舂，省三月糧[一二六]聚。小人懷惠，大懿難忘。』

陶弘景《雜録》：『苦荼，輕身換骨，昔丹丘子、黄[一二七]山君服之。』

《後魏録》：『瑯琊王肅仕南朝，好茗飲、蒓羹。及還北地，又好羊肉、酪漿。人或問之：「茗何如酪？」肅曰：「茗不堪與酪爲奴。」』

《桐君録》：『西陽、武昌、廬江、晋[一二八]陵好茗，皆東人作清茗。茗有餑，飲之宜人。凡可飲之物，皆多取其葉，天門冬、拔揳取根，皆益人。

又巴東别有真茗茶，煎飲令人不眠。俗中多煮檀葉并大皂李作茶，並冷。又南方有瓜蘆木，亦似茗，至苦澀，取爲屑茶飲，亦可通夜不眠。煮鹽人但資此飲，而交、廣最重，客來先設，乃加以香芼輩。』

《坤元録》：『辰州溆浦縣西北三百五十里無射山，云蠻俗當吉慶之時，親族集會歌舞於山上。山多茶樹。』

《括地圖》：『臨遂縣東一百四十里有茶溪。』

山謙之《吴興記》：『烏程縣西二十里，有温山，出御荈。』

《夷陵圖經》：『黄牛、荆門、女觀、望州等山，茶茗出焉。』

《永嘉圖經》：『永嘉縣東三百里有白茶山』。

《淮陰圖經》：『山陽縣南二十里有茶坡。』

《茶陵圖經》：『茶陵者，所謂陵谷生茶茗焉。』

《本草・木部》：『茗，苦茶。味甘苦，微寒，無毒。主瘻瘡，利小便，去痰渴熱，令人少睡。秋採之苦，主下氣消食。《注》云：「春採之。」』

《本草・菜部》：『苦菜，一名荼，一名選，一名游冬，生益州川谷，山陵道傍，凌冬不死。三月三日採，乾。』《注》云：『疑此即是今荼，一名荼，令人不眠。』《本草》注：『按，《詩》云「誰謂荼苦」，又云「菫荼如飴」，皆苦菜也，陶謂之苦茶，木類，非菜流。茗春採，謂之苦搽途遐反。』

《枕中方》：『療積年瘻，苦茶、蜈蚣並炙，令香熟，等分，搗篩，煮甘草湯洗，以末傅之。』

《孺子方》：『療小兒無故驚蹶，以苦茶、葱鬚煮服之。』

八之出

山南，以峽州上，峽州生遠安、宜都、夷陵三縣山谷。襄州、荊州次，襄州生南漳[二九]縣山谷，荊州生江陵縣山谷。衡州下，生衡山、茶陵二縣山谷。金州、梁州又下。金州生西城、安康二縣山谷，梁州生褒[三〇]城、金牛二縣山谷。

淮南，以光州上，生光山縣黃頭港者，與峽州同。義陽郡、舒州次，生義陽縣鍾山者，與襄州同；舒州生太湖縣潛山者，與荊州同。壽州下，盛唐縣霍山者，與衡山同。蘄州、黃州又下。蘄州生黃梅縣山谷，黃州生麻城縣山谷，並與金州[三一]、梁州同也。

浙西，以湖州上，湖州，生長城縣顧渚山中，與峽州、光州同；生山桑、儒師二塢，白茅山、懸腳嶺，與襄州、荊州、義陽郡同；生鳳亭山伏翼閣飛雲、曲水二寺、啄木嶺，與壽州、衡[三二]州同；生安吉、武康二縣山谷，與金州、梁州同。常州次，常州義興縣生君山懸腳嶺北峰下，與荊州、義陽郡同；生圈嶺善權寺、石亭山，與舒州同。宣州、杭州、睦州、歙州下，宣州生宣城縣雅山，與蘄州同；太平縣生上睦、臨睦，與黃州同；杭州，臨安、於潛二縣生天目山，與舒州同；錢塘生天竺、靈隱二寺，睦州生桐廬縣山谷，歙州生婺源山谷，與衡州同。潤州、蘇州又下。潤州江寧縣生傲山，蘇州長洲縣生洞庭山，與金州、蘄州、梁州同。

劍南，以彭州上，生九隴縣馬鞍山至德寺、棚口，與襄州同。綿州、蜀州次，綿州龍安縣生松嶺關，與荆州同；其西昌、昌明、神泉縣西山者並佳，有過松嶺者，不堪採。蜀州青城縣生八丈人山，與綿州同。青城縣有散茶、木茶。邛州次，雅州、瀘州下，雅州百丈山、名山，瀘州瀘川者，與金州同也。眉州、漢州又下。眉州丹棱[三三]縣生鐵山者，漢州綿竹縣生竹山者，與潤州同。

浙東，以越州上，餘姚縣生瀑布泉嶺曰仙茗，大者殊異，小者與襄州同。明州、婺州次，明州貨縣生榆筴村，婺州東陽縣東白[三四]山，與荆州同。台州下，台州始豐縣生赤城者，與歙州同。

黔中，生恩州、播州、費州、夷州。

江南，生鄂州、袁州、吉州。

嶺南，生福州、建州、韶州、象州。福州生閩方山山陰。

其恩、播、費、夷、鄂、袁、吉、福、建、韶、象十一州未詳，往往得之，其味極佳。

九之略

其造具，若方春禁火之時，於野寺山園，叢手而掇，乃蒸，乃舂，乃拍，以火乾之，則又棨、撲[三五]、焙、貫、棚[三六]、穿、育等七事皆廢。

其煮器，若松間石上可坐，則具列廢。用槁薪、鼎鑊之屬，則風爐、灰承、炭檛、火筴、交床等廢。若瞰泉臨澗，則水方、滌方、漉水囊廢。若五人已下，茶可末而精者，則羅合[三七]廢。若援藟躋巖，引絙入洞，於山口炙而末之，或紙包、合貯，則碾、拂末等廢。既瓢、碗、竹筴、札、熟盂、鹺[三八]

筥悉以一筥盛之，則都籃廢。但城邑之中，王公之門，二十四器闕一，則茶廢矣。

十之圖

以絹素或四幅或六幅，分布寫之，陳諸座隅，則茶之源、之具、之造、之器、之煮、之飲、之事、之出、之略目擊而存，於是《茶經》之始終備焉。

【注】

［一］蒸：底本作『茶』。

［二］穰：底本作『穰』

［三］池：底本作『地』。

［四］味：底本作『史』。

〔五〕底本無『盂』字。
〔六〕呿：底本作『去』。
〔七〕聞：底本作『間』。
〔八〕渝：底本作『俞』。
〔九〕荷：底本作『蔄』。
〔一〇〕三：底本作『王』。
〔一一〕統：底本作『充』。
〔一二〕底本無『樂』字。
〔一三〕曇濟：底本作『譚濟』。
〔一四〕荼：底本作『茶』。
〔一五〕三弋、五卵：底本作『三戈、五卯』。

〔一六〕蔎：底本作『葮』。

〔一七〕升：底本作『勝』。

〔一八〕憒：底本作『潰』。

〔一九〕底本此處空格，無『者』字。

〔二〇〕申：底本作『分』。

〔二一〕釋道說：底本作『釋道該説』。『該』當爲衍字。

〔二二〕元嘉：底本作『永嘉』。

〔二三〕大明：底本作『永明』。

〔二四〕底本脱『元』字。

〔二五〕柑：底本作『楫』。

〔二六〕糧：底本作『種』。

〔二七〕黄：底本作『青』。

〔二八〕晋：底本作『昔』。

〔二九〕漳：底本作『鄭』。

〔三〇〕褒：底本作『襄』。

〔三一〕金州：底本作『荆州』。

〔三二〕衡：底本作『常』。

〔三三〕棱：底本作『校』。

〔三四〕白：底本作『自』。

〔三五〕撲：底本作『樸』。

〔三六〕棚：底本作『相』。

〔三七〕底本無『合』字。

［三八］䤥：底本作『䤥』。

續茶經

〔清〕陸廷燦 撰

目録

續茶經附録

續茶經卷上之一

一之源

許慎《説文》：茗，茶芽也。

王褒《僮約》：前云『炰鱉烹茶』；後云『武陽買茶』。注：前爲苦菜，後爲茗。

張華《博物志》：飲真茶，令人少眠。

《詩疏》：椒樹似茱萸，蜀人作茶，吴人作茗，皆合煑其葉以爲香。

《唐書·陸羽傳》：羽嗜茶，著《經》三篇，言茶之源、之具、之造、之器、之煑、之飲、之事、之出、之略、之圖尤備，天下益知飲茶矣。

《唐六典》：金英、緑片，皆茶名也。

《李太白集·贈族侄僧中孚玉泉仙人掌茶序》：余聞荆州玉泉寺近青溪諸山，山洞往往有乳窟，窟多玉泉交流。中有白蝙蝠，大如鴉。按《仙經》：『蝙蝠，一名仙鼠。千歲之後，體白如雪，栖則倒懸，蓋飲乳水而長生也。』其水邊處處有茗草羅生，枝葉如碧玉。惟玉泉真公常採而飲之，年八十餘歲，顏色如桃花。而此茗清香滑熟異於他茗，所以能還童振枯，扶人壽也。余遊金陵，見宗僧中孚示余茶數十片，拳然重叠，其狀如掌，號爲『仙人掌』茶。蓋新出乎玉泉之山，曠古未覿。因持之見貽，兼贈詩，要余答之，遂有此作。俾後之高僧大隱，知『仙人掌』茶發於中孚禪子及青蓮居士李白也。

《皮日休集·茶中雜咏詩序》：自周以降，及於國朝茶事，竟陵子陸季疵言之詳矣。然季疵以前稱茗飲者，必渾以烹之，與夫瀹蔬而啜者無異也。季疵之始爲《經》三卷，由是分其源，製其具，教其造，設其器，命其煮。俾飲之者除痟而去癘，雖疾醫之未若也。其爲利也，於人豈小哉！余始得季疵書，以爲備矣，後又獲其《顧渚山記》二篇，其中多茶事；後又太原温從雲、武威段碣之各補茶事十數節，並存於方册。茶之事由周而至於今，竟無纖遺矣。

《封氏聞見記》：茶，南人好飲之，北人初不多飲。開元中，太山靈巖寺有降魔師大興禪教，學禪務於不寐，又不夕食，皆許飲茶。人自懷挾，到處煮飲。從此轉相倣傚，遂成風俗。起自鄒、齊、滄、棣，漸至京邑，城市多開店鋪煎茶賣之，不問道俗，投錢取飲。其茶自江淮而來，色額甚多。

《唐韻》：茶字，自中唐始變作茶。

裴汶《茶述》：茶，起於東晋，盛於今朝。其性精清，其味浩潔，其用滌煩，其功致和。參百品而不混，越衆飲而獨高。烹之鼎水，和以虎形，人人服之，永永不厭。得之則安，不得則病。彼芝术黄精，徒云上藥，致效在數十年後，且多禁忌，非此倫也。或曰：『多飲令人體虚病風。』余曰不然。夫物能祛邪，必能輔正，安有蠲逐聚病而靡裨太和哉？今宇内爲土貢實衆，而顧渚、蘄陽、蒙山爲上，其次則壽陽、義興、碧澗、㴩湖、衡山，最下有鄱陽、浮梁，今者其精無以尚焉。得其粗者，則下里兆庶，甌碗粉糅。頃刻未得，則胃腑[一]病生矣。人嗜之若此者，西晋以前無聞焉。至精之味或遺也。因作《茶述》。

宋徽宗《大觀茶論》：茶之爲物，擅甌閩之秀氣，鍾山川之靈禀。祛襟滌滯，致清導和，則非庸人孺子可得而知矣。沖淡閑潔，韻高致静，則非遑遽之時可得而好尚矣。本朝之興，歲修建溪之貢，『龍團』『鳳餅』名冠天下，而壑源之品，亦自此而盛。延及於今，百廢具舉，海内宴然，垂拱密勿，幸致無爲。縉紳之士，韋布之流，沐浴膏澤，薰陶德化，咸以雅尚相推，從事茗飲。故近歲以來，採擇之精，製作之工，品第之勝，烹點之妙，莫不盛造其極。嗚呼！至治之世，豈惟人得以盡其材，而草木之靈者，亦得以盡其用矣。偶因暇日，研究精微，所得之妙，後人有不知爲利害者，叙本末二十篇，號曰《茶論》。一曰地產，二曰天時，三曰擇採，四曰蒸壓，五曰製造，六曰鑒別，七曰白茶，八曰羅碾，九曰盞，十曰筅，十一曰瓶，十二曰杓，十三曰水，十四曰點，十五曰味，十六曰香，十七曰色，十八曰藏[二]，十九曰品[三]，二十曰外焙。名茶各以所産之地，如葉耕之平園台星巖，葉剛之高峰青鳳髓，葉思純之大嵐，葉嶼之屑山，葉五崇林之羅漢上水桑芽，葉堅之碎石窠、石臼窠一作六窠。葉瓊、葉輝之秀皮林，葉師復、師貺之虎巖，葉椿之無雙巖芽，葉懋之老窠園，各擅其美，未嘗混淆，不可概舉。焙人之茶，固有前優後劣、昔負今勝者，是以園地之不常也。

丁謂《進新茶表[四]**》**：右件物產異金沙石，名非紫筍。江邊地暖，方呈『彼茁』之形；闕下春寒，已發『其甘』之味。有以少爲貴者，焉敢韞而藏諸。見謂新茶，實遵舊例。

蔡襄《進〈茶録〉表》：臣前因奏事，伏蒙陛下論，臣先任福建運使日所進上品龍茶，最爲精好。臣退念草木之微，首辱陛下知鑒，若處之得地，則能盡其材。昔陸羽《茶經》，不第建安之品；丁謂《茶圖》，獨論採造之本。至烹煎之法，曾未有聞。臣輒條數事，簡而易明，勒成二篇，名曰《茶録》。伏惟清閑之宴，或賜觀採，臣不勝榮幸。

歐陽修《歸田録》：茶之品，莫貴於龍鳳，謂之『團茶』，凡八餅重一觔。慶曆中，蔡君謨始造小片龍茶以進，其品精絶，謂之『小團』，凡二十餅重一觔，其價值金二兩。然金可有而茶不可得。每因南郊致齋，中書、樞密院各賜一餅，四人分之。宮人往往縷金花於其上，蓋其貴重如此。

趙汝礪《北苑别録》：草木至夜益盛，故欲導生長之氣，以滲雨露之澤。茶於每歲六月興工，虛其本，培其末，滋蔓之草，遏鬱之木，悉用除之，政所以導生長之氣而滲雨露之澤也。此之謂開畬，唯桐木則留焉。桐木之性與茶相宜。而又茶至冬則畏寒，桐木望秋而先落；茶至夏而畏日，桐木至春而漸茂。理亦然也。

王闢之《澠水燕談》：建茶盛於江南，近歲製作尤精。『龍團』最爲上品，一觔八餅。慶曆中，蔡君謨爲福建運使，始造小團，以充歲貢，一觔二十餅，所謂『上品龍茶』者也。仁宗尤所珍惜，雖宰相未嘗輒賜，惟郊禮致齋之夕，兩府各四人，共賜一餅。宮人剪金爲龍鳳花，貼其上。八人分蓄之，以爲奇玩，不敢自試，有佳客出爲傳玩。歐陽文忠公云：『茶爲物之至精，而小團又其精者也。』嘉祐中，小團初出時也。今小團易得，何至如此多[五]貴？

周輝《清波雜志》：自熙寧後，始貢『密雲龍』。每歲頭綱修貢，奉宗廟及供玉食外，賚及臣下無幾。戚里貴近丐賜尤繁。宣仁太后令建州不許造『密雲龍』，受他人煎炒不得也。此語既傳播於縉紳間，由是『密雲龍』之名益著。淳熙間，親黨許仲啓官蘇沙，得《北苑修貢録》，序以刊行。其間載歲貢十有二綱，凡三等，四十有一名。第一綱曰『龍焙貢新』，止五十餘銙[六]。貴重如此，獨無所謂『密雲龍』者。豈以『貢新』易其名耶？抑或別爲一種，又居『密雲龍』之上耶？

沈存中《夢溪筆談》：古人論茶，唯言陽羨、顧渚、天柱、蒙頂之類，都未言建溪。然唐人重串茶粘黑[七]者，則已近乎建[八]餅矣。建茶皆喬木，吴、蜀唯叢茇而已，品自居下。建茶勝處曰郝源、曾坑，其間又有坌根、山頂二品尤勝。李氏號爲北苑，置使領之。

胡仔《苕溪漁隱叢話》：建安北苑，始於太宗太平興國三年，遣使造之，取象於龍鳳，以別入貢。至道間，仍添造石乳、蠟面。其後大小龍，又起於丁謂而成於蔡君謨。至宣、政間，鄭可簡以貢茶進用，久領漕，添續入，其數浸廣，今猶因之。細色茶五綱，凡四十三品，形製各異，共七千餘餅，其間貢新、試新、龍團勝雪、白茶、御苑玉芽，此五品乃水揀，爲第一；

餘乃生揀，次之。又有粗色茶七綱，凡五品。大小龍鳳并揀芽，悉入龍腦，和膏爲團餅茶，共四萬餘餅。蓋水揀茶即社前者，生揀茶即火前者，粗色茶即雨前者。閩中地暖，雨前茶已老而味加重矣。又有石門、乳吉、香口三外焙，亦隸於北苑，皆採摘茶芽，送官焙添造。每歲縻金共二[九]萬餘緡，日役千夫，凡兩月方能迄事。第所造之茶不許過數，入貢之後市無貨者，人所罕得。惟壑源諸處私焙茶，其絶品亦可敵官焙，自昔至今，亦皆入貢。其流販四方者，悉私焙茶耳。北苑在富沙之北，隸建安縣，去城二十五里，乃龍焙造貢茶之處，亦名鳳皇山。自有一溪，南流至富沙城下，方與西來水合而東。

車清臣《脚氣集》：《毛詩》云：『誰謂茶苦，其甘如薺。』注：茶，苦菜也。《周禮》：『掌茶以供喪事。』取其苦也。蘇東坡詩云：『周《詩》

記苦茶，茗飲出近世。』乃以今之茶爲茶。夫茶，今人以清頭目，自唐以來，上下好之，細民亦日數碗，豈是茶也？茶之粗者是爲茗。

宋子安《東溪試茶録序》：茶宜高山之陰，而喜日陽之早。自北苑鳳山，南直苦竹園頭，東南屬張坑頭，皆高遠先陽處，歲發常早，芽極肥乳，非民間所比。次出壑源嶺，高土沃地，茶味甲於諸焙。丁謂亦云：鳳山高不百丈，無危峰絶巘，而岡翠環抱，氣勢柔秀，宜乎嘉植靈卉之所發也。又以建安茶品甲天下，疑山川至靈之卉，天地始和之氣，盡此茶矣。又論石乳出壑嶺斷崖缺石之間，蓋草木之仙骨也。近蔡公亦云：『惟北苑鳳凰山連屬諸焙，所産者味佳，故四方以建茶爲名[一〇]，皆曰北苑云。』

黄儒《品茶要録序》：説者嘗謂陸羽《茶經》不第建安之品。蓋前此茶事未甚興，靈芽真笋往往委翳消腐而人不知惜。自國初以來，士大夫沐浴膏澤，咏歌昇平之日久矣。夫身世灑落，神觀沖淡，惟兹茗飲爲可喜。園林亦相與摘英誇異，製棬鬻新，以趨時之好。故殊異之品，始得自出於榛莽之間，而其名遂冠天下。借使陸羽復起，閱其金餅，味其雲腴，當爽然自失矣。因念草木之材，一有負瓌偉絶特者，未嘗不遇時而後興，况於人乎？

蘇軾《書黄道輔〈品茶要録〉後》：黄君道輔諱儒，建安人，博學能文，淡然精深，有道之士也。作《品茶要録》十篇，委曲微妙，皆陸鴻漸以來論茶者所未及。非至静無求、虚中不留，烏能察物之情如此其詳哉！

《茶録》：茶，古不聞食，自晉、宋已降，吴人採葉煮之，名爲『茗粥』。

葉清臣《煮茶泉品》：吴楚山谷間，氣清地靈，草木穎挺，多孕茶荈。

大率右於武夷者爲白乳；甲於吴興者爲紫笋；産禹穴者以天章顯；茂錢塘者以徑山稀。至於桐廬之巖，雲衢之麓，雅山著於宣歙，蒙頂傳於岷蜀，角立差勝，毛舉實繁。

周絳《補茶經》：芽茶，只作早茶，馳奉萬乘，嘗之可矣。如一旗一槍，可謂奇茶也。

胡致堂曰：茶者，生人之所日用也。其急甚於酒。

陳師道《茶經叢談[一一]》：茶，洪之雙井，越之日注，莫能相先後，而强爲之第者，皆勝心耳。

陳師道《茶經序》：夫茶之著書自羽始，其用於世亦自羽始，羽誠有功於茶者也。上自宫省，下逮邑里，外及異域遐陬[一二]，賓祀燕享，預陳於前；山澤以成市，商賈以起家，又有功於人者也。可謂智矣。《經》曰：

『茶之否臧，存之口訣。』則書之所載，猶其粗也。夫茶之爲藝下矣，至其精微，書有不盡，況天下之至理，而欲求之文字紙墨之間，其有得乎？昔者先王因人而教，同欲而治，凡有益於人者，皆不廢也。

吴淑《茶賦》注：五花茶者，其片作五出花也。

姚氏《殘語》：紹興進茶，自高文虎始。

王楙《野客叢書》：世謂古之茶，即今之茶。不知茶有數種，非一端也。《詩》曰『誰謂茶苦，其甘如薺』者，乃苦菜之茶，如今苦苣[一三]之類。《周禮》『掌茶』、毛詩『有女如茶』者，乃苕茶之茶也，此萑葦之屬。惟茶檟之茶，乃今之茶也。世莫知辨。

《魏王花木志》：茶葉似梔，可煮爲飲。其老葉謂之荈，嫩葉謂之茗。

《瑞草總論》：唐宋以來有貢茶，有榷茶。夫貢茶，猶知斯人有愛君之心。若夫榷茶，則利歸於官，擾及於民，其爲害又不一端矣。

元熊禾《勿齋集》：北苑茶焙記貢古也。茶貢不列《禹貢》《周·職方》，而昉於唐，北苑又其最著者也。苑在建城東二十五里，唐末里民張暉始表而上之。宋初丁謂漕閩，貢額驟益，斤至數萬。慶曆承平日久，蔡公襄繼之，製益精巧，建茶遂爲天下最。公名在四諫官列，君子惜之。歐陽公修雖實不與，然猶誇侈歌咏之。蘇公軾則直指其過矣。君子創法可繼，焉得不重慎也。

《說郛·臆乘》：茶之所産，六經載之詳矣，獨異美之名未備。唐宋以來，見於詩文者尤夥，頗多疑似，若蟾背、蝦鬚，雀舌、蟹眼、瑟瑟、瀝瀝、靄靄[一四]、鼓浪、湧泉、琉璃眼、碧玉池，又皆茶事中天然偶字也。

《茶譜》：衡州之衡山，封州之西鄉，茶研膏爲之，皆片團如月。又彭州蒲村堋口，其園有『仙芽』『石花』等號。

明人《月團茶歌序》：唐人製茶碾末，以酥滫爲團，宋世尤精，元時其法遂絶。予傚而爲之，蓋得其似，始悟古人咏茶詩所謂『膏油首面』，所謂『佳茗似佳人』，所謂『緑雲輕綰湘娥鬟』之句。飲啜之餘，因作詩記之，并傳好事。

屠本畯《茗笈評》：『人論茶葉之香，未知茶花之香。余往歲過友大雷山中，正值花開，童子摘以爲供。幽香清越，絶自可人，惜非甌中物耳。乃予著《瓶史月表》，以插茗花爲齋中清玩。而高濂《盆史》，亦載「茗花足助玄賞」云。』《茗笈贊》十六章：一曰溯源，二曰得地，三曰乘時，四曰揆制，五曰藏茗，六曰品泉，七曰候火，八曰定湯，九曰點瀹，十曰辨器，十一曰申忌，十二曰防濫，十三曰戒淆，十四曰相宜，十五曰衡鑒，十六曰玄賞。

謝肇淛《五雜組》：今茶品之上者，松蘿也，虎丘也，羅岕也，龍井也，陽羨也，天池也。而吾閩武夷、清源、彭山三種，可與角勝。六安、雁宕、蒙山三種，祛滯有功而色香不稱，當是藥籠中物，非文房佳品也。

《西吴被乘》[一五]：湖人於茗不數顧渚，而數羅岕。然顧渚之佳者，其風味已遠出龍井。下岕稍清雋，然葉粗而作草氣。丁長孺嘗以半角見餉，且教余烹煎之法，迨試之，殊類羊公鶴。此余有解有未解也。余嘗品茗，以武夷、虎丘第一，淡而遠也。松蘿、龍井次之，香而艷也。天池又次之，常而不厭也。餘子瑣瑣，勿置齒喙。謝肇淛。

屠長卿《考槃餘事》：虎丘茶最號精絶，爲天下冠，惜不多産，皆爲豪右所據，寂寞山家無由獲購矣。天池青翠芳馨，噉之賞心，嗅亦消渴，可稱仙品。諸山之茶，當爲退舍。陽羡俗名羅岕，浙之長興者佳，荊溪稍下。細者其價兩倍天池，惜乎難得，須親自收採方妙。六安品亦精，入藥最效，但不善炒，不能發香而味苦，茶之本性實佳。龍井之山不過數十畝，外此有茶似皆不及。大抵天開龍泓美泉，山靈特生佳茗以副之耳。山中僅有一二家，炒法甚精。近有山僧焙者亦妙，真者天池不能及也。天目爲天池、龍井之次，亦佳品也。《地志》云：『山中寒氣早嚴，山僧至九月即不敢出。冬來多雪，三月後方通行，其萌芽較他茶獨晚。』

包衡《清賞録》：昔人以陸羽飲茶比於后稷樹穀，及觀韓翃《謝賜茶啓》云：『吴王禮賢，方聞置茗；晋人愛客，纔有分茶。』則知開創之功，非關桑苧老翁也。若云在昔茶勛未普，則比時賜茶已一千五百串矣。

陳仁錫《潛確類書》：『紫琳腴、雲腴，皆茶名也。』『茗花白色，冬開似梅，亦清香。』按冒巢民《岕茶彙鈔》云：『茶花味濁無香，香凝葉内。』二說不同，豈岕與他茶獨異歟。

《農政全書》：『六經中無茶，茶即荼也。《毛詩》云「誰謂荼苦，其甘如薺」，以其苦而甘味也。』『夫茶靈草也，種之則利溥，飲之則神清。上而王公貴人之所尚，下而小夫賤隸之所不可闕，誠民生食用之所資，國家課利之一助也。』

羅廪《茶解》：『茶固不宜雜以惡木，惟古梅、叢桂、辛夷、玉蘭、玫瑰、蒼松、翠竹，與之間植，足以蔽覆霜雪，掩映秋陽。其下可植芳蘭、幽菊清芬之品。最忌菜畦相逼，不免滲漉，滓厥清真。』『茶地南向爲佳，向陰者遂劣。故一山之中，美惡相懸。』

李日華《六研齋筆記》：茶事於唐末未甚興，不過幽人雅士手擷於荒園雜穢中，拔其精英，以薦靈爽，所以饒雲露自然之味。至宋設茗綱，充天家玉食，士大夫益復貴之。民間服習寢廣，以爲不可缺之物。於是營植者擁溉孳糞，等於蔬蔌，而茶亦隤其品味矣。人知鴻漸到處品泉，不知亦到處搜茶。皇甫冉《送羽攝山採茶》詩數言，僅存公案而已。

徐巖泉《六安州茶居士傳》：居士姓茶，族氏衆多，枝葉繁衍遍天下。其在六安一枝最著，爲大宗；陽羡、羅岕、武夷、匡盧之類，皆小宗；蒙山又其別枝也。

樂思白《雪庵清史》：夫輕身換骨，消渴滌煩，茶荈之功，至妙至神。昔在有唐，吾閩茗事未興，草木仙骨尚閟其靈。五代之季，南唐採茶北苑，而茗事興。迨宋至道初，有詔奉造，而茶品日廣。及咸平、慶曆中，丁謂、蔡襄造茶進奉，而製作益精。至徽宗大觀、宣和間，而茶品極矣。斷崖缺石之上，木秀雲腴，往往於此露靈。倘微丁、蔡來自吾閩，則種種佳品，不幾於委翳消腐哉？雖然，患無佳品耳。其品果佳，即微丁、蔡來自吾閩，而靈芽真笋豈終於委翳消腐乎。吾閩之能輕身换骨，消渴滌煩者，寧獨一茶乎？兹將發其靈矣。

馮時可《茶譜》：茶全貴採造，蘇州茶飲遍天下，專以採造勝耳。徽郡向無茶，近出松蘿最爲時尚。是茶始比丘大方。大方居虎丘最久，得採造法。其後於徽之松蘿結庵，採諸山茶，於庵焙製，遠邇争市，價忽翔湧。人因稱松蘿，實非松蘿所出也。

胡文焕《茶集》：茶至清至美物也，世皆不味之，而食煙火者又不足以語此。醫家論茶，性寒能傷人脾。獨予有諸疾，則必藉茶爲藥石，每深得其功效，噫！非緣之有自，而何契之若是耶！

《群芳譜》：蘄州蘄門團黄，有一旗一槍之號，言一葉一芽也。歐陽公詩有『共約試新茶，旗槍幾時緑』之句。王荆公《送元厚之》句云『新茗齋中試一旗』。世謂茶始生而嫩者爲一槍，寖大而開者爲一旗。

魯彭《刻〈茶經〉序》：夫茶之爲經，要矣。兹復刻者，便覽爾。刻之竟陵者，表羽之爲竟陵人也。按羽生甚異，類令尹子文。人謂子文賢而仕，羽雖賢，卒以不仕。今觀《茶經》三篇，固具體用之學者。其曰『伊公羹、陸氏茶』，取而比之，實以自况。所謂易地皆然者，非歟。厥後茗飲之風，行於中外。而回紇亦以馬易茶，由宋迄今，大爲邊助。則羽之功，固在萬世，仕不仕奚足論也。

沈石田《書岕茶别論後》：昔人咏梅花云『香中别有韻，清極不知寒』，此惟岕茶足當之。若閩之清源、武夷，吴郡之天池、虎丘，武林之龍井，新安之松蘿，匡廬之雲霧，其名雖大噪，不能與岕相抗也。顧渚每歲貢茶三十二斤，則岕於國初，已受知遇。施於今，漸遠漸傳，漸覺聲價轉重。既得聖人之清，又得聖人之時，蒸[一六]、採、烹、洗，悉與古法不同。

李維楨《茶經序》：羽所著《君臣契》三卷，《源解》三十卷，《江表四姓譜》十卷，《占夢》三卷，不盡傳，而獨傳《茶經》，豈他書人所時有，此其觭長，易於取名耶？太史公曰：『富貴而名磨滅不可勝數，惟俶儻非常之人稱焉。』鴻漸窮阨終身，而遺書遺迹，百世下寶愛之，以爲山川邑里重。其風足以廉頑立懦，胡可少哉。

楊慎《丹鉛總録》：茶，即古茶字也。周《詩》記茶苦，《春秋》書齊茶，《漢志》書茶陵。顔師古、陸德明雖已轉入茶音，而未易字文也。至陸羽《茶經》、玉川《茶歌》、趙贊《茶禁》以後，遂以茶易茶。

董其昌《茶董題詞》：荀子曰：『其爲人也多暇，其出入也不遠矣。』陶通明曰：『不爲無益之事，何以悦有涯之生。』余謂茗碗之事，足當之。蓋幽人高士，蟬蜕勢利，以耗壯心而送日月。水源之輕重，辨若淄澠；火候之文武，調若丹鼎。非枕漱之侶不親，非文字之飲不比者也。當今此事，惟許夏茂[一七]卿拈出。顧渚、陽羨，肉食者往焉，茂卿亦安能禁？壹似强笑不樂，强顔無歡，茶韻故自勝耳。予夙秉幽尚，入山十年，差可不愧茂卿語。今者驅車入閩，念鳳團龍餅，延津爲瀹，豈必土思，如廉頗思用趙？惟是《絶交書》所謂『心不耐煩，而官事鞅掌』者，竟有負茶竈耳。茂卿能以同味諒吾耶！

童承叙《題陸羽傳後》：余嘗過竟陵，憩羽故寺，訪雁橋，觀茶井，慨然想見其爲人。夫羽少厭髡緇，篤嗜墳素[一八]，本非忘世者。卒乃寄號桑苧，遁迹苕霅，嘯歌獨行，繼以痛哭，其意必有所在。時乃比之接輿，豈知羽者哉。至其性甘茗荈，味辨淄澠，清風雅趣，膾炙今古。張顛之於酒也，昌黎以爲有所托而逃，羽亦以是夫。

《穀山筆麈》：茶自漢以前不見於書，想所謂檟者，即是矣。

李贄《疑耀》：古人冬則飲湯，夏則飲水，未有茶也。李文正《資暇録》謂：『茶始於唐崔寧，黄伯思已辨其非，伯思嘗見北齊楊子華作《邢子才魏收勘書圖》，已有煎茶者。』《南窗記談》謂：『飲茶始於梁天監中，事見《洛陽伽藍記》。』及閲《吴志·韋曜傳》，賜茶荈以當酒，則茶又非始於梁矣。』余謂飲茶亦非始於吴也。《爾雅》曰：『檟，苦茶。』郭璞注：『可以爲羹飲。早採爲茶，晚採爲茗，一名荈。』則吴之前亦以茶作茗矣。第未如後世之日用不離也。蓋自陸羽出，茶之法始講。自呂惠卿、蔡君謨輩出，茶之法始精。而茶之利國家且藉之矣。此古人所不及詳者也。

王象晋《茶譜小序》：茶，嘉木也。一植不再移，故婚禮用茶，從一之義也。雖兆自《食經》，飲自隋帝，而好者尚寡。至後興於唐，盛於宋，始爲世重矣。仁宗賢君也，頒賜兩府，四人僅得兩餅，一人分數錢耳。宰相家至不敢碾試，藏以爲寶，其貴重如此。近世蜀之蒙山，每歲僅以兩計。蘇之虎丘，至官府預爲封識，公爲採製，所得不過數斤。豈天地間尤物生固不數數然耶。甌泛翠濤，碾飛綠屑，不藉雲腴，孰驅睡魔？作《茶譜》。

陳繼儒《茶董小序》：范希文云：『萬象森羅中，安知無茶星。』余以茶星名館，每與客茗戰旗槍，標格天然，色香映發。若陸季疵復生，忍作《毀茶論》乎？夏子茂卿叙酒，其言甚豪。予曰，何如隱囊紗帽，翛然林澗之間，摘露芽，煮雲腴，一洗百年塵土胃耶？熱腸如沸，茶不勝酒；幽韻如雲，酒不勝茶。酒類俠，茶類隱。酒固道廣，茶亦德素。茂卿茶之董狐也，因作《茶董》。東佘陳繼儒書於素濤軒。

夏茂卿《茶董序》：自晉唐而下，紛紛邾莒之會，各立勝場，品别淄澠，判若南董，遂以《茶董》名篇。語曰『窮《春秋》，演河圖，不如載茗一車』，誠重之矣。如謂此君面目嚴冷，而且以爲水厄，且以爲乳妖，則請效綦毋先生無作此事。冰蓮道人識。

《本草》：石蕊，一名雲茶。

卜萬祺《松寮茗政》：虎丘茶，色味香韻，無可比擬。必親詣茶所，手摘監製，乃得真産。且難久貯，即百端珍護，稍過時即全失其初矣。殆如彩雲易散，故不入供御耶。但山嵜隙地所産無幾，爲官司禁據，寺僧慣雜贋種，非精鑒家卒莫能辨。明萬曆中，寺僧苦大吏需索，薙除殆盡。文文肅公震孟作《薙茶説》以譏之。至今真産尤不易得。

袁了凡《群書備考》：茶之名，始見於王褒《僮約》。

許次杼《茶疏》：唐人首稱陽羨，宋人最重建州。於今貢茶，兩地獨多。陽羨僅有其名，建州亦非上品，惟武夷雨前最勝。近日所尚者，爲長興之羅岕，疑即古顧渚紫笋。然岕故有數處，今惟峒山最佳。姚伯道云：『明月之峽，厥有佳茗。』韻致清遠，滋味甘香，足稱仙品。其在顧渚亦有佳者，今但以水口茶名之，全與岕别矣。若歙之松蘿，吴之虎丘，杭之龍井，並可與岕頡頏。郭次甫極稱黄山，黄山亦在歙，去松蘿遠甚。往時士人皆重天池，然飲之略多，令人脹滿。浙之産曰雁宕、大盤、金華、日鑄，皆與武夷相伯仲。錢塘諸山産茶甚多，南山儘佳，北山稍劣。武夷之外，有泉州之清源，儻以好手製之，亦是武夷亞匹。惜多焦枯，令人意盡。楚之産曰寶慶，滇之産曰五華，皆表表有名，在雁茶之上。其他名山所産，當不止此，或余未知，或名未著，故不及論。

李詡《戒庵漫筆》：昔人論茶，以旗槍爲美，而不取雀舌、麥顆。蓋芽細則易雜他樹之葉而難辨耳。旗槍者，猶今稱『壺蜂翅』是也。

《四時類要》：茶子於寒露候收曬乾，以濕沙土拌勻，盛筐籠内，穰草蓋之，不爾即凍不生。至二月中取出，用糠與焦土種之。於樹下或背陰之地開坎，圓三尺，深一尺，熟劚，著糞和土，每坑下子六七十顆，覆土厚一寸許，相離二尺，種一叢。性惡濕又畏日，大概宜山中斜坡、峻坂、走水處。若平地，須深開溝壟以泄水，三年後[一九]方可收茶。

張大復《梅花筆談》：趙長白作《茶史》，考訂頗詳，要以識其事而已矣。龍團、鳳餅，紫茸、揀芽，決不可用於今之世。予嘗論今之世，筆貴而愈失其傳，茶貴而愈出其味。天下事未有不身試而出之者也。

文震亨《長物志》：古今論茶事者，無慮數十家，若鴻漸之《經》，君謨之《録》，可爲盡善。然其時法用熟碾爲丸、爲挺，故所稱有『龍鳳團[三〇]』『小龍團』『密雲龍』『瑞雲翔龍』。至宣和間，始以茶色白者爲貴。漕臣鄭可聞始創爲銀絲水芽，以茶剔葉取心，清泉漬之，去龍腦諸香，惟新銙小龍蜿蜒其上，稱『龍團勝雪』。當時以爲不更之法，而吾朝所尚又不同。其烹試之法，亦與前人異。然簡便異常，天趣悉備，可謂盡茶之真味矣。而至於洗茶、候湯、擇器，皆各有法，寧特侈言烏府、雲屯等目而已哉。

《虎丘志》：馮夢禎云：『徐茂吴品茶，以虎丘爲第一。』

周高起《洞山岕[二一]**茶系》**：岕茶之尚於高流，雖近數十年中事，而厥産伊始，則自盧仝隱居洞山，種於陰嶺，遂有茗嶺之目。相傳古有漢王者，栖遲茗嶺之陽，課童藝茶，踵盧仝幽致，故陽山所産，香味倍勝茗嶺。所以老廟後一帶茶，猶唐宋根株也。貢山茶今已絶種。

徐𤊹《茶考》：按《茶録》諸書，閩中所産茶以建安北苑爲第一，壑源諸處次之，武夷之名未有聞也。然范文正公《鬥茶歌》云：『溪邊奇茗冠天下，武夷仙人從古栽[二二]。』蘇文忠公云：『武夷溪邊粟粒芽，前丁後蔡相寵嘉。』則武夷之茶在北宋已經著名，第未盛耳。但宋元製造團餅似失正味。今則靈芽仙萼，香色尤清，爲閩中第一。至於北苑、壑源，又泯然無稱。豈山川靈秀之氣，造物生殖之美，或有時變易而然乎？

勞大與《甌江逸志》：按茶非甌産也，而甌亦産茶，故舊制以之充貢，及今不廢。張羅峰當國，凡甌中所貢方物，悉與題蠲，而茶獨留。將毋以先春之採，可薦馨香，且歲費物力無多，姑存之，以稍備芹獻之義耶！乃後世因按辦之際，不無恣取，上爲一，下爲十，而藝茶之圃遂爲怨叢。惟願爲官於此地者，不濫取於數外，庶不致大爲民病。

《天中記》：凡種茶樹必下子，移植則不復生。故俗聘婦必以茶爲禮，義固有所取也。

《事物紀原》：榷茶起於唐建中、貞元之間。趙贊、張滂建議稅其什一。

《枕譚》：古傳注：『茶樹初採爲茶，老爲茗，再老爲荈。』今概稱茗，當是錯用事也。

熊明遇《岕山茶記》：産茶處山之夕陽勝於朝陽，廟後山西向，故稱佳。總不如洞山南向，受陽氣特專，足稱仙品云。

冒襄《**岕山茶彙鈔**》：茶産平地，受土氣多，故其質濁。岕茗産於高山，渾是風露清虚之氣，故爲可尚。

吴拭云：武夷茶嘗自蔡君謨始，謂其味過於北苑龍團，周右文極抑之。蓋緣山中不諳[二三]製焙法，一味計多徇利之過也。余試採少許，製以松蘿法，汲虎嘯巖下語兒泉烹之，三德俱備，帶雲石而復有甘軟氣。乃分數百葉寄右文，令茶吐氣；復酹一杯，報君謨於地下耳。

釋超全[二四]《**武夷茶歌注**》：建州一老人始獻山茶，死後傳爲山神，喊山之茶始此。

《**中原市語**》：茶曰渲老。

陳詩教《**灌園史**》：予嘗聞之山僧言，茶子數顆落地，一莖而生，有似連理，故婚嫁用茶，蓋取一本之義。舊傳茶樹不可移，竟有移之而生者，乃知晁采寄茶徒襲影響耳。唐李義山以對花啜茶爲殺風景。予苦渴疾，何啻七碗，花神有知，當不我罪。

《金陵瑣事》：茶有肥瘦。雲泉道人云：『凡茶肥者甘，甘則不香。茶瘦者苦，苦則香。』此又《茶經》《茶訣》《茶品》《茶譜》之所未發。

野航[二五]道人朱存理云：飲之用必先茶，而茶不見於《禹貢》，蓋全民用而不爲利。後世榷茶立爲制，非古聖意也。陸鴻漸著《茶經》，蔡君謨著《茶譜》。孟諫議寄盧玉川三百月團，後侈至龍鳳之飾，責當備於君謨。然清逸高遠，上通王公，下逮林野，亦雅道也。

佩文齋《廣群芳譜》：茗花即食茶之花，色月白而黄心，清香隱然，瓶之高齋，可爲清供佳品。且蕊在枝條，無不開遍。

王新城《居易録》：廣南人以薆爲茶。予頃著之《皇華記聞》。閲《道鄉集》有張糾《送吴洞薆絶句》，云：『茶選修仁方〔二六〕破礪，薆分吴洞忽當筵。君謨遠矣知難作，試取一瓢江水煎。』蓋志完遷昭平時作也。

《分甘餘話》：宋丁謂爲福建轉運使，始造『龍鳳團』茶，上供不過四十餅。天聖中，又造小團，其品過於大團。神宗時，命造『密雲龍』，其品又過於小團。元祐初，宣仁皇太后曰：『指揮建州，今後更不許造「密雲龍」，亦不要團茶，揀好茶喫了，生得甚好意智。』宣仁改熙寧之政，此其小者。顧其言，實可爲萬世法。士大夫家，膏粱子弟，尤不可不知也。謹備録之。

《雲南通志》：茶曰芽。以粗茶曰芽以結，細茶曰芽以完。緬甸夷語茶曰臘扒，喫茶曰臘扒儀索。

徐葆光《中山傳信録》：琉球呼茶曰札。

《武夷茶考》：按丁謂製『龍團』，蔡忠惠製『小龍團』，皆北苑事。其武夷修貢，自元時浙省平章高興始，而談者輒稱丁、蔡。蘇文忠公詩云：『武夷溪邊粟粒芽，前丁後蔡相寵嘉。』則北苑貢時，武夷已爲二公賞識矣。至高興武夷貢後，而北苑漸至無聞。昔人云，茶之爲物，滌昏雪滯，於務學勤政未必無助，其與進荔枝、桃花者不同。然充類至義，則亦宦官、宫妾之愛君也。忠惠直道高名，與范、歐相亞，而進茶一事乃儕晋公。君子舉措，可不慎歟！

《隨見録》：按沈存中《筆談》云：『建茶皆喬木。吴、蜀唯叢茇而已。』以余所見武夷茶樹，俱係叢茇，初無喬木，豈存中未至建安歟？抑當時北苑與此日武夷有不同歟？《茶經》云『巴山峽川有兩人合抱者』，又與吴、蜀叢茇之説互異，姑誌之以俟參考。

《萬姓通譜》載：漢時人有茶恬，出《江都易王傳》。按《漢書》：茶恬，蘇林曰：茶，食邪反。則茶本兩音，至唐而茶、茶始分耳。

焦氏《説楛》：茶曰玉茸。補

【注】

[一]胃腑：底本作『謂甫』。

[二]藏：底本作『藏焙』。

[三]品：底本作『品名』。

[四]進新茶表：底本作『進茶新表』。

[五]多：底本作『之』。

［六］鎊：底本「鎊」「髈」混用，現統一作「鎊」。

［七］黑：底本作「墨」。

［八］底本無「建」字。

［九］二：底本作「三」。

［一〇］名：底本作「目」。

［一一］茶經叢談：底本作「後山叢談」。

［一二］異域遐陬：底本作「遐陬僻壤」。

［一三］苦苣：底本作「苣菜」。

［一四］瀝瀝、靄靄：底本作「瀝霏、霏靄」。

［一五］西吴被乘：底本作「西吴枝乘」。

［一六］蒸：底本作「第蒸」。

〔一七〕底本脱『茂』字。

〔一八〕素：底本作『索』。

〔一九〕底本無『後』字。

〔二〇〕龍鳳團：底本作『龍團』。

〔二一〕底本無『岕』字。

〔二二〕栽：底本誤作『裁』。

〔二三〕諳：底本作『暗』。

〔二四〕全：底本作『前』。

〔二五〕航：底本誤作『舫』。

〔二六〕方：底本作『力』。

續茶經卷上之二

二之具

《陸龜蒙集·和茶具十咏》：

茶塢

茗地曲隈回，野行多繚繞。向陽就中密，背澗差還少。遥盤雲髻慢，亂簇香篝小。何處好幽期，滿巖春露曉。

茶人

天賦識靈草，自然鍾野姿。閑來北山下，似與東風期。雨後探芳去，雲間幽路危。唯應報春鳥，得共斯人知。

茶笋

所孕和氣深，時抽玉筍短。輕煙漸結華，嫩蕊初成管。尋來青靄曙，欲去紅雲暖。秀色自難逢，傾筐不曾滿。

茶籯

金刀劈翠筠，織似波紋斜。製作自野老，携持伴山娃。昨日鬥煙粒，今朝貯緑華。争歌調笑曲，日暮方還家。

茶舍

旋取山上材，架爲山下屋。門因水勢斜，壁任巖隈曲。朝隨鳥俱散，暮與雲同宿。不憚採掇勞，衹憂官未足。

茶竈 經云：『竈無突。』

無突抱輕嵐，有煙映初旭。盈鍋玉泉沸，滿甑雲芽熟。奇香襲春桂，嫩色凌秋菊。煬者若吾徒，年年看不足。

茶焙

左右搗凝膏，朝昏布煙縷。方圓隨樣拍，次第依層取。山謠縱高下，火候還文武。見説焙前人，時時炙花脯。紫花，焙人以花爲脯。

茶鼎

新泉氣味良，古鐵形狀醜。那堪風雨夜，更值煙霞友。曾過頳石下，又住清溪口。頳石、清溪，皆江南出茶處。且共薦皋盧，皋盧，茶名。何勞傾斗酒。

茶甌

昔人謝塸埞，徒爲妍詞飾。《劉孝威集》有《謝塸埞啓》。豈如珪璧姿，又有煙嵐色。光參筠席上，韻雅金罍側。直使于闐君，從來未嘗識。

煮茶

閑來松間坐，看煮松上雪。時於浪花裏，併下藍英末。傾餘精爽健，忽似氛埃滅。不合别觀書，但宜窺玉札。

《皮日休集·茶中雜咏·茶具》：

茶籯

筤篣曉携去，驀過山桑塢。開時送紫茗，負處沾清露。歇把傍雲泉，歸將挂煙樹。滿此是生涯，黄金何足數。

茶竈

南山茶事動，竈起巖根傍。水煮石髮氣，薪燃杉脂香。青瓊蒸後凝，綠髓飲來光。如何重辛苦，一一輸膏粱。

茶焙

鑿彼碧巖下，恰應深二尺。泥易帶雲根，燒難礙石脉。初能燥金餅，漸見乾瓊液。九里共杉林，皆焙名。相望在山側。

茶鼎

龍舒有良匠，鑄此佳樣成。立作菌蠢勢，煎爲潺湲聲。草堂暮雲陰，松窗殘月明。此時勺複茗，野語知逾清。

茶甌

邢客與越人，皆能造兹器。圓似月魂墮，輕如雲魄起。棗花勢旋眼，蘋沫香沾齒。松下時一看，支公亦如此。

《江西志》：餘干縣冠山有陸羽茶竈。羽嘗鑿石爲竈，取越溪水煎茶於此。

陶穀《清異録》：豹革爲囊，風神呼吸之具也。煮茶啜之，可以滌滯思而起清風。每引此義，稱之爲水豹囊。

《曲洧舊聞》：范蜀公與司馬温公同遊嵩山，各攜茶以行。温公取紙爲帖，蜀公用小木合子盛之，温公見而驚曰：『景仁乃有茶具也。』蜀公聞其言，留合與寺僧而去。後士大夫茶具，精麗極世間之工巧，而心猶未厭。晁以道嘗以此語客，客曰：『使温公見今日之茶具，又不知云如何也。』

《北苑貢茶別録》：茶具有銀模、銀圈、竹圈、銅圈等。

梅堯臣《宛陵集·茶竈》詩：山寺碧溪頭，幽人緑巖畔。夜火竹聲乾，春甌茗花亂[二]。兹無雅趣兼，薪桂煩燃爨。又《茶磨》詩云：楚匠斫山骨，折檀爲轉臍。乾坤人力内，日月蟻行迷。又有《謝晏太祝遺雙井茶五品茶具四枚》詩。

《武夷志》：五曲朱文公書院前，溪中有茶竈。文公詩云：『仙翁遺石竈，宛在水中央。飲罷方舟去，茶煙裊細香。』

《群芳譜》：黄山谷云：『相茶瓢與相筇竹同法，不欲肥而欲瘦，但須飽風霜耳。』

樂純《雪庵清史》：陸叟溺於茗事，嘗爲茶論，并煎炙之法，造茶具二十四事，以都統籠貯之。時好事者家藏一副，於是若韋鴻臚、木待制、金法曹、石轉運、胡員外、羅樞密、宗從事、漆雕秘閣、陶寶文、湯提點、竺副帥、司職方輩，皆入吾籯中矣。

許次杼《茶疏》：凡士人登山臨水，必命壺觴，若茗碗薰爐，置而不問，是徒豪舉耳。余特置遊裝，精茗名香，同行異室。茶罌、銚、注、甌、洗、盆、巾諸具畢備，而附以香奩、小爐、香囊、匙、箸……未曾汲水，先備茶具，必潔，必燥。瀹時壺蓋必仰置，磁盂勿覆案上。漆氣、食氣，皆能敗茶。

朱存理《茶具圖贊序》：飲之用必先茶，而製茶必有其具。錫具姓而繫名，寵以爵，加以號，季宋之彌文；然清逸高遠，上通王公，下逮林野，亦雅道也。願與十二先生周旋，嘗山泉極品以終身，此間富貴也，天豈靳乎哉？

審安老人茶具十二先生姓名：

韋鴻臚文鼎，景暘，四窗閑叟。　木待制利濟，忘機，隔竹主人。

金法曹研古，元鍇，雍之舊民；鑠古，仲鑒，和琴先生。

石轉運鑿齒，遄行，香屋隱君。　胡員外惟一，宗許，貯月仙翁。

羅樞密若藥，傳師，思隱寮長。　宗從事子弗，不遺，掃雲溪友。

漆雕秘閣承之，易持，古臺老人。　陶寶文去越，自厚，兔園上客。

湯提點發新，一鳴，温谷遺老。　竺副帥善調，希默，雪濤公子。

司職方成式，如素，潔齋居士。

高濂《遵生八箋》：茶具十六事，收貯於器局内，供役於苦節君者，故立名管之。蓋欲歸統於一，以其素有貞心雅操而自能守之也。

商像古石鼎也，用以煎茶。降紅銅火筯也，用以簇火，不用聯索爲便。

遞火銅火斗也，用以搬火。團風素竹扇也，用以發火。

分盈挹水杓也，用以量水斤兩，即《茶經》水則也。

執權準茶秤也，用以衡茶，每杓水二斤，用茶一兩。

注春磁瓦壺也，用以注茶。啜香磁瓦甌也，用以啜茗。

撩雲竹茶匙也，用以取果。納敬竹茶橐也，用以放盞。

漉塵洗茶籃也，用以瀞茶。歸潔竹筅帚也，用以滌壺。

受污拭抹布也，用以潔甌。靜沸竹架，即《茶經》支鍑也。

運鋒劖果刀也，用以切果。甘鈍木椹墩也。

王友石《譜》：竹爐并分封茶具六事：

苦節君湘竹風爐也，用以煎茶，更有行省收藏之。

建城以箬爲籠，封茶以貯庋閣。

雲屯磁瓦瓶，用以杓泉以供煮水。

水曹即磁缸瓦缶，用以貯泉以供火鼎。

烏府以竹爲籃，用以盛炭，爲煎茶之資。

器局編竹爲方箱，用以總收以上諸茶具者。

品司編竹爲圓撞提盒，用以收貯各品茶葉，以待烹品者也。

屠赤水《茶箋·茶具》：

湘筠焙焙茶箱也。　鳴泉煮茶磁罐。

沉垢古茶洗。　合香藏日支茶瓶，以貯司品者。

易持用以納茶，即漆雕秘閣。

屠隆《考槃餘事》：構一斗室相傍書齋，内設茶具，教一童子專主茶役，以供長日清談，寒宵兀坐。此幽人首務，不可少廢者。

《灌園史》：盧廷璧嗜茶成癖，號茶庵。嘗蓄元僧詎可庭茶具十事，具衣冠拜之。

謝肇淛《五雜組》：閩人以粗磁膽瓶貯茶。近鼓山支提新茗出，一時盡學新安，製爲方圓錫具，遂覺神采奕奕不同。

馮可賓《岕茶箋·論茶具》：茶壺，以窑器爲上，錫次之。茶杯，汝、官、哥、定如未可多得，則適意爲佳耳。

李日華《紫桃軒雜綴》：昌化茶，大葉如桃枝柳梗，乃極香。余過逆旅偶得，手摩其焙甑，三日龍麝氣不斷。

臞仙云：古之所有茶竈，但聞其名，未嘗見其物，想必無如此清氣也。予乃陶土粉以爲瓦器，不用泥土爲之，大能耐火。雖猛焰不裂。徑不過尺五，高不過二尺餘，上下皆鏤銘、頌、箴戒之。又置湯壺於上，其座皆空，下有陽谷之穴，可以藏瓢甌之具，清氣倍常。

《重慶府志》：涪江青蟠石爲茶磨極佳。

《南安府志》：崇義縣出茶磨，以上猶縣石門山石爲之，尤佳。蒼磬縝密，鐫琢堪施。

聞龍《茶箋》：茶具滌畢，覆於竹架，俟其自乾爲佳。其拭巾只宜拭外，切忌拭内。蓋布帨雖潔，一經人手極易作氣。縱器不乾，亦無大害。

【注】

［一］春甌茗花亂：底本作『春茗茶花亂』。

續茶經卷上之三

三之造

《唐書》：太和七年正月，吴、蜀貢新茶，皆於冬中作法爲之。上務恭儉，不欲逆物性，詔所在貢茶，宜於立春後造。

《北堂書鈔·茶譜續補》云：龍安造騎火茶，最爲上品。騎火者，言不在火前，不在火後作也。清明改火，故曰火。

《大觀茶論》：茶工作於驚蟄，尤以得天時爲急。輕寒，英華漸長，條達而不迫，茶工從容致力，故其色味兩全。故茶工得茶天爲慶。

擷茶以黎明，見日則止。用爪斷芽，不以指揉。凡芽如雀舌穀粒者爲鬥品，一槍一旗爲揀芽，一槍二旗爲次之，餘斯爲下。茶之始芽萌，則有白合，不去害茶味。既擷則有烏蔕，不去害茶色。

茶之美惡，尤係於蒸芽、壓黄之得失。蒸芽欲及熟而香，壓黄欲膏盡亟止。如此則製造之功十得八九矣。滌芽惟潔，濯器惟淨，蒸壓惟其宜，研膏惟熟，焙火惟良。造茶先度日晷之長短，均工力之衆寡，會採擇之多少，使一日造成，恐茶過宿，則害色味。

茶之範度不同，如人之有首面也。其首面之異同，難以概論。要之，色瑩徹而不駁，質縝繹而不浮，舉之則〔一〕凝結，碾之則鏗然，可驗其爲精品也。有得於言意之表者。

白茶，自爲一種，與常茶不同。其條敷闡，其葉瑩薄。崖林之間，偶然生出，有者不過四五家，生者不過一二株，所造止於二三銙而已。須製造精微，運度得宜，則表裏昭澈，如玉之在璞，他無與倫也。

蔡襄《茶録》：茶味主於甘滑，惟北苑鳳凰山連屬諸焙，所造者味佳。隔溪諸山，雖及時加意製作，色味皆重，莫能及也。又有水泉不甘，能損茶味，前世之論《水品》者以此。

《東溪試茶録》：建溪[二]茶比他郡最先，北苑、壑源者尤早。歲多暖則先驚蟄十日即芽，歲多寒則後驚蟄五日始發。先芽者，氣味俱不佳，惟過驚蟄者爲第一。民間常以驚蟄爲候。諸焙後北苑者半月，去遠則益晚。

凡斷芽必以甲，不以指。以甲則速斷不柔，以指則多濕易損。擇之必精，濯之必潔，蒸之必香，火之必良，一失其度，俱爲茶病。

芽擇肥乳，則甘香而粥面著盞而不散。土瘠而芽短，則雲脚渙亂，去盞而易散。葉梗長，則受水鮮白；葉梗短，則色黄而泛。烏蔕、白合，茶之大病。不去烏蔕，則色黄黑而惡。不去白合，則味苦澀。蒸芽必熟，去膏必盡。蒸芽未熟，則草木氣存。去膏未盡，則色濁而味重。受煙則香奪，壓黄則味失，此皆茶之病也。

《北苑别録》：御園四十六所，廣袤三十餘里。自官平而上爲内園，官坑而下爲外園。方春靈芽萌坼，先民焙十餘日，如九窠、十二隴、龍游窠、小苦竹、張坑、西際，又爲禁園之先也。而石門、乳吉、香口三外焙，常後北苑五七日興工。每日採茶、蒸榨，以其黄悉送北苑併造。

造茶舊分四局。匠者起好勝之心，彼此相誇，不能無弊，遂并而爲二焉。故茶堂有東局、西局之名，茶銙有東作、西作之號。凡茶之初出研盆，湯之欲其匀，揉之欲其膩，然後入圈製銙，隨笪過黄有方。故銙有花銙，有大龍，有小龍，品色不同，其名亦異。隨綱繫之於貢茶云。

採茶之法，須是侵晨，不可見日。晨則夜露未晞，茶芽肥潤。見日則爲陽氣所薄，使芽之膏腴内耗，至受水而不鮮明。故每日常以五更撾鼓集群夫於鳳凰山有伐鼓亭，日役採夫二百二十二人，監採官人給一牌，入山至辰刻，則復鳴鑼以聚之，恐其逾時貪多務得也。大抵採茶亦須習熟，募夫之際必擇土著及諳曉之人，非特識茶發[三]早晚所在，而於採摘亦知其指要耳。

茶有小芽，有中芽，有紫芽，有白合，有烏蔕，不可不辨。小芽者，其小如鷹爪。初造龍團勝雪、白茶，以其芽先次蒸熟，置之水盆中，剔取其精英，僅如針小，謂之水芽，是小芽中之最精者也。中芽，古謂之一槍二旗是也。紫芽，葉之紫者也。白合，乃小芽有兩葉抱而生者是也。烏蔕，茶之帶頭是也。凡茶，以水芽爲上，小芽次之，中芽又次之。紫芽、白合、烏蔕，在所不取。使其擇焉而精，則茶之色味無不佳。萬一雜之以所不取，則首面不均，色濁而味重也。

驚蟄節萬物始萌。每歲常以前三日開焙，遇閏則後之，以其氣候少遲故也。

蒸芽再四洗滌，取令潔净，然後入甑，俟湯沸蒸之。然蒸有過熟之患，有不熟之患。過熟則色黄而味淡，不熟則色青而易沉，而有草木之氣。故唯以得中爲當。

茶既蒸熟，謂之茶黄，須淋洗數過欲其冷也，方入小榨，以去其水，又入大榨，以出其膏水芽則高榨壓之，以其芽嫩故也，先包以布帛，束以竹皮，然後入大榨壓之，至中夜[四]取出揉匀，復如前入榨，謂之翻榨。徹曉奮擊，必至於乾净而後已。蓋建茶之味遠而力厚，非江茶之比。江茶畏沉其膏，建茶唯恐其膏之不盡。膏不盡則色味重濁矣。

茶之過黄，初入烈火焙之，次過沸湯爁之，凡如是者三，而後宿一火，至翌日，遂過煙焙之。火不欲烈，烈則面泡而色黑。又不欲煙，煙則香盡而味焦。但取其温温而已。凡火之數多寡，皆視其銙之厚薄。銙之厚者[五]，有十火至於十五火。銙之薄者，六火至於八火。火數既足，然後過湯上出色。出色之後，置之密室，急以扇扇之，則色澤自然光瑩矣。

研茶之具，以柯爲杵，以瓦爲盆，分團酌水，亦皆有數。上而勝雪、白茶以十六水，下而揀芽之水六，小龍鳳四，大龍鳳二，其餘皆十二焉。自十二水而上，曰研一團，自六水而下，曰研三團至七團。每水研之，必至於水乾茶熟而後已。水不乾，則茶不熟，茶不熟，則首面不匀，煎試易沉。故研夫尤貴於强有力者也。嘗謂天下之理，未有不相須而成者。有北苑之芽，而後有龍井之水。龍井之水清而且甘，晝夜酌之而不竭，凡茶自北苑上者皆資焉。此亦猶錦之於蜀江，膠之於阿井也，詎不信然？

姚寬《西溪叢語[六]》：建州龍焙面北，謂之北苑。有一泉極清淡，謂之御泉。用其池水造茶，即壞茶味。惟龍團勝雪、白茶二種，謂之水芽，先蒸後揀。每一芽先去外兩小葉，謂烏蔕；又次取兩嫩葉，謂之白合；留小心芽置於水中，呼爲水芽。聚之稍多，即研焙爲二品，即龍團勝雪、白茶也。茶之極精好者，無出於此。每銙計工價近二十千，其他皆先揀而後蒸研，其味次第減也。茶有十綱，第一綱、第二綱太嫩，第三綱最妙，自六綱至十綱，小團至大團而止。

黄儒《品茶要録》：茶事起於驚蟄前，其採芽如鷹爪。初造曰試焙，又曰一火，其次曰二火。二火之茶，已次一火矣。故市茶芽者，惟伺出於三火前者爲最佳。尤喜薄寒氣候，陰不至凍。芽發時尤畏霜，有造於一火二火者皆遇霜，而三火霜霽，則三火之茶勝矣。晴不至於暄，則穀芽含養約勒而滋長有漸，採工亦優爲矣。凡試時泛色鮮白，隱於薄霧者，得於佳時而然也。有造於積雨者，其色昏黄；或氣候暴暄，茶芽蒸發，採工汗手薰漬，揀摘不潔，則製造雖多，皆爲常品矣。試時色非鮮白、水脚微紅者，過時之病也。

茶芽初採，不過盈筐而已，趨時争新之勢然也。既採而蒸，既蒸而研。蒸或不熟，雖精芽而所損已多。試時味作桃仁氣者，不熟之病也。唯正熟者味甘香。

蒸芽以氣爲候，視之不可以不謹也。試時色黄而粟紋大者，過熟之病也。然過熟愈於不熟，以甘香之味勝也。故君謨論色，則以青白勝黄白。而余論味，則以黄白勝青白。

茶，蒸不可以逾久，久則過熟，又久則湯乾而焦釜之氣出。茶工有乏薪湯以益之，是致蒸損茶黄故。試時色多昏黯，氣味焦惡者，焦釜之病也。建人謂之熱鍋氣。

夫茶本以芽葉之物就之棬模。既出棬上笪焙之，用火務令通熱。即以茶覆之，虚其中，以透火氣。然茶民不喜用實炭，號爲冷火。以茶餅新濕，急欲乾以見售，故用火常帶煙焰。焰煙既多，稍失看候，必致薰損茶餅。試時其色皆昏紅，氣味帶焦者，傷焙之病也。

茶餅先黄而又如陰潤者，榨不乾也。榨欲盡去其膏，膏盡則有如乾竹葉之意。唯喜飾首面者，故榨不欲乾，以利易售。試時色雖鮮白，其味帶苦者，漬膏之病也。

茶色清潔鮮明，則香與味亦如之。故採佳品者，常於半曉間衝蒙雲霧而出，或以瓷罐汲新泉懸胸臆間，採得即投於中，蓋欲其鮮也。如或日氣烘爍，茶芽暴長，工力不給，其採芽已陳而不及蒸，蒸而不及研，研或出宿而後製。試時色不鮮明，薄如壞卵氣者，乃壓黃之病也。

茶之精絶者曰鬥，曰亞鬥，其次揀芽。茶芽，鬥品雖最上，園户或止一株，蓋天材間有特異，非能皆然也。且物之變勢無常，而人之耳目有盡，故造鬥品之家，有昔優而今劣、前負而後勝者。雖人工有至、有不至，亦造化推移不可得而擅也。其造，一火曰鬥，二火曰亞鬥，不過十數銙而已。揀芽則不然，遍園隴中擇其精英者耳。其或貪多務得，又滋色澤，往往以白合、盗葉間之。試時色雖鮮白，其味澀淡者，間白合、盗葉之病也。一凡鷹爪之芽，有兩小葉抱而生者，白合也。新條葉之初生而白者，盗葉也。造揀芽者只剔取鷹爪，而白合不用，况盗葉乎！

物固不可以容僞，况飲食之物，尤不可也。故茶有入他草者，建人號爲入雜。銙列入柹葉，常品入桴檻葉。二葉易致，又滋色澤，園民欺售直而爲之。試時無粟紋甘香，盞面浮散，隱如微毛，或星星如纖絮者，入雜之病也。善茶品者，側盞視之，所入之多寡，從可知矣。嚮上下品有之，近雖銙列，亦或勾使。

《萬花谷》：龍焙泉在建安城東鳳凰山，一名御泉。北苑造貢茶，社前芽細如針。用此水研造，每片計工直錢四萬分。試其色如乳，乃最精也。

《文獻通考》：宋人造茶有二類，曰片，曰散。片者即龍團舊法，散者則不蒸而乾之，如今時之茶也。始知南渡之後，茶漸以不蒸爲貴矣。

《學林新編》：茶之佳者，造在社前；其次火前，謂寒食前也；其下則雨前，謂穀雨前也。唐僧齊己詩曰：『高人愛惜藏巖裏，白甀封題寄火前。』其言火前，蓋未知社前之爲佳也。唐人於茶，雖有陸羽《茶經》，而持論未精。至本朝蔡君謨《茶録》，則持論精矣。

《苕溪詩話》：北苑，官焙也，漕司歲貢爲上；壑源，私焙也，土人亦以入貢，爲次。二焙相去三四里間。若沙溪，外焙也，與二焙絕遠，爲下。故魯直詩『莫遣沙溪來亂真』是也。官焙造茶，常在驚蟄後。

朱翌《猗覺寮記》：唐造茶與今不同，今採茶者得芽即蒸熟焙乾，唐則旋摘旋炒。劉夢得《試茶歌》：『自傍芳叢摘鷹嘴，斯須炒成滿室香。』又云：『陽崖陰嶺各不同，未若竹下莓苔地。』竹間茶最佳。

《武夷志》：通仙井在御茶園，水極甘洌，每當造茶之候，則井自溢，以供取用。

《金史》：泰和五年春，罷造茶之防。

張源《茶録》：茶之妙，在乎始造之精，藏之得法，點之得宜。優劣定於始鐺，清濁係乎末火。

火烈香清，鐺寒神倦。火烈生焦，柴疏失翠。久延則過熟，速起却還生。熟則犯黄，生則著黑。帶白點者無妨，絶焦點者最勝。

藏茶切忌臨風、近火。臨風易冷，近火先黄。其置頓之所，須在時時坐卧之處，逼近人氣，則常温不使寒。必須板房，不宜土室。板房温燥，土室潮蒸。又要透風，勿置幽隱之處，不惟易生濕潤，兼恐有失檢點。

謝肇淛《五雜組》：古人造茶，多舂令細，末而蒸之。唐詩『家僮隔竹敲茶臼』是也。至宋始用碾。若揉而焙之，則本朝始也。但揉者，恐不及細末之耐藏耳。

今造團[七]之法皆不傳，而建茶之品，亦遠出吳會諸品下。其武夷、清源二種，雖與上國爭衡，而所産不多，十九贋鼎，故遂令聲價靡復[八]不振。

閩之方山、太姥、支提，俱産佳茗，而製造不如法，故名不出里閈。予嘗過松蘿，遇一製茶僧，詢其法，曰：『茶之香，原不甚相遠，惟焙之者火候極難調耳。茶葉尖者太嫩，而蒂多老。至火候勻時，尖者已焦，而蒂尚未熟。二者雜之，茶安得佳？』製松蘿者，每葉皆剪去其尖蒂，但留中段，故茶皆一色。而工力煩矣，宜其價之高也。閩人急於售利，每斤不過百錢，安得費工如許？若價高，即無市者矣。故近來建茶所以不振也。

羅廩《茶解》：採茶製茶，最忌手汗、體膻、口臭、多涕、不潔之人及月信婦人，更忌酒氣。蓋茶酒性不相入，故採茶製茶，切忌沾醉。

茶性淫，易於染著[九]，無論腥穢及有氣息之物不宜近，即名香亦不宜近。

許次杼《茶疏》：岕茶非夏前不摘。初試摘者，謂之開園，採自正夏，謂之春茶。其地稍寒，故須待時，此又不當以太遲病之。往時無秋日摘者，近乃有之。七八月重摘一番，謂之早春。其品甚佳，不嫌少薄。他山射利，多摘梅茶，以梅雨時採故名。梅茶苦澀，且傷秋摘，佳産戒之。

茶初摘時，香氣未透，必借火力以發其香。然茶性不耐勞，炒不宜久。多取入鐺，則手力不勻。久於鐺中，過熟而香散矣。炒茶之鐺，最忌新鐵。須預取一鐺以備炒，毋得別作他用。一說惟常煮飯者佳，既無鐵鍟，亦無脂膩。炒茶之薪，僅可樹枝，勿用幹葉。幹則火力猛熾，葉則易焰、易滅。鐺必磨洗瑩潔，旋摘旋炒。一鐺之內，僅可四兩，先用文火炒軟，次加武火催之。手加木指，急急鈔轉，以半熟爲度，微俟香發，是其候也。

清明太早，立夏太遲，穀雨前後，其時適中。若再遲一二日，待其氣力完足，香烈尤倍，易於收藏。

藏茶於庋閣，其方宜磚底數層，四圍磚砌，形若火爐，愈大愈善，勿近土墻。頓瓮其上，隨時取竈下火灰，候冷，簇於瓮傍。半尺以外，仍隨時取火灰簇之，令裹灰常燥，以避風濕。却忌火氣入瓮，蓋能黄茶耳。日用所須，貯於小磁瓶中者，亦當箬包苧紥，勿令見風。且宜置於案頭，勿近有氣味之物，亦不可用紙包。蓋茶性畏紙，紙成於水中，受水氣多也。紙裹一夕，即隨紙作氣而茶味盡矣。雖再焙之，少頃即潤。雁宕諸山之茶，首坐此病。紙帖貽遠，安得復佳！

茶之味清，而性易移，藏法喜温燥而惡冷濕，喜清凉而惡鬱蒸，宜清觸而忌香惹。藏用火焙，不可日曬。世人多用竹器貯茶，雖加箬葉擁護，然箬性峭勁，不甚伏帖，風濕易侵。至於地爐中頓放，萬萬不可。人有以竹器盛茶，置被籠中，用火即黄，除火即潤。忌之！忌之！

聞龍《茶箋》：嘗考《經》言茶焙甚詳。愚謂今人不必全用此法。予構一焙室，高不逾尋，方不及丈，縱廣正等，四圍及頂綿紙密糊，無小罅隙，置三四火缸於中，安新竹篩於缸內，預洗新麻布一片以襯之。散所炒茶於篩上，闔户而焙。上面不可覆蓋，以茶葉尚潤，一覆則氣悶罨黄，須焙二三時，俟潤氣既盡，然後覆以竹箕。焙極乾出缸，待冷，入器收藏。後再焙，亦用此法，則香色與味猶不致大減。諸名茶，法多用炒，惟羅岕宜於蒸焙，味真藴藉，世競珍之。即顧渚、陽羨，密邇洞山，不復倣此。想此法偏宜於岕，未可概施諸他茗也。然《經》已云『蒸之焙之』，則所從來遠矣。

吴人絶重岕茶，往往雜以黑箬，大是闕事。余每藏茶，必令樵青入山採竹箭箬，拭净烘乾，護罌四週，半用剪碎，拌入茶中。經年發覆，青翠如新。

吴興姚叔度言：『茶若多焙一次，則香味隨減一次。』予驗之良然。但於始焙時，烘令極燥，多用炭箬，如法封固，即梅雨連旬，燥仍自若。惟開壇頻取，所以生潤，不得不再焙耳。自四月至八月，極宜致謹。九月以後，天氣漸肅，便可解嚴矣。雖然，能不弛懈尤妙。

炒茶時須用一人從傍扇之，以祛熱氣。否則茶之色香味俱減，此予所親試。扇者色翠，不扇者色黄。炒起出鐺時，置大磁盆中，仍須急扇，令熱氣稍退。以手重揉之，再散入鐺，以文火炒乾之。蓋揉則其津上浮，點時香味易出。田子藝以生曬不炒不揉者爲佳，其法亦未之試耳。

《**群芳譜**》：以花拌茶，頗有别致。凡梅花、木樨、茉莉、玫瑰、薔薇、蘭、蕙、金橘、梔子、木香之屬，皆與茶宜。當於諸花香氣全時摘拌，三停茶，一停花，收於磁罐中，一層茶，一層花，相間填滿，以紙箬封固，入净鍋中，重湯煮之，取出待冷，再以紙封裹，於火上焙乾貯用。但上好細芽茶，忌用花香，反奪其真味。惟平等茶宜之。

《雲林遺事》：蓮花茶，就池沼中，於早飯前、日初出時，擇取蓮花蕊略綻者，以手指撥開，入茶滿其中，用麻絲縛紥定，經一宿。次早連[二〇]花摘之，取茶紙包曬。如此三次，錫罐盛貯，紥口收藏。

邢士襄《茶説》：凌露無雲，採候之上。霽日融和，採候之次。積日重陰，不知其可。

田藝蘅[二一]《煮泉小品》：芽茶以火作者爲次，生曬者爲上，亦更近自然，且斷煙火氣耳。況作人手器不潔，火候失宜，皆能損其香色也。生曬茶，瀹之甌中，則旗槍舒暢，清翠鮮明，香潔勝於火炒，尤爲可愛。

《洞山岕[二二]茶系》：岕茶採焙，定以立夏後三日，陰雨又需之。世人安云『雨前真岕』，抑亦未知茶事矣。茶園既開，入山賣草枝者，日不下二三百石。山民收製，以假混真，好事家躬往。予租採焙，戒視惟謹，多被潛易真茶去。人至相競[一三]，高價分買，家不能二三斤。近有採嫩葉、除尖蒂、抽細筋焙之，亦曰片茶。不去尖筋，炒而復焙，燥如葉狀，曰攤茶，并難多得。又有俟茶市將闌，採取剩葉焙之，名曰修山茶，香味足而色差老，若今四方所貨岕片，多是南岳片子，署爲『騙茶』可矣。茶賈衒人率以長潮等茶，本岕亦不可得。噫！安得起陸龜蒙於九京，與之賡《茶人》詩也？茶人皆有市心，令予徒仰真茶而已。故予煩悶時，每誦姚合《乞茶詩》一過[一四]。

《月令廣義》：炒茶，每鍋不過半斤，先用乾炒，後微洒水，以布捲起，揉做。

茶擇净微蒸，候變色攤開，扇去濕熱氣。揉做畢，用火焙乾，以箬葉包之。語曰：『善蒸不若善炒，善曬不若善焙。』蓋茶以炒而焙者爲佳耳。

《農政全書》：採茶在四月。嫩則益人，粗則損人。茶之爲道，釋滯去垢，破睡除煩，功則著矣。其或採造藏貯之無法，碾焙煎試之失宜，則雖建芽、浙茗，衹爲常品耳。此製作之法，宜亟講也。

馮夢禎《快雪堂漫録》：炒茶，鍋令極净。茶要少，火要猛，以手拌炒令軟净，取出攤於匾中，略用手揉之，揉去焦梗。冷定復炒，極燥而止。不得便入瓶，置於净處，不可近濕。一二日後再入鍋炒，令極燥，攤冷，然後收藏。

藏茶之罌，先用湯煮過烘燥。乃燒栗炭透紅投罌中，覆之令黑。去炭及灰，入茶五分，投入冷炭，再入茶。將滿，又以宿箬葉實之，用厚紙封固罌口。更包燥净無氣味磚石壓之，置於高燥透風處，不得傍墻壁及泥地方得。

屠長卿《考槃餘事》：茶宜箬葉而畏香藥，喜温燥而忌冷濕。故收藏之法，先於清明時收買箬葉，揀其最青者預焙極燥，以竹絲編之，每四片編爲一塊，聽用。又買宜興新堅大罌可容茶十斤以上者，洗净焙乾聽用。山中採焙回，復焙一番，去其茶子、老葉、梗屑及枯焦者，以大盆埋伏生炭，覆以竈中敲細赤火，既不生煙，又不易過，置茶焙下焙之，約以二斤作一焙。别用炭火入大爐内，將罌懸架其上，烘至燥極而止。先以編箬襯於罌底，茶焙燥後，扇冷方入。茶之燥，以拈起即成末爲驗。隨焙隨入，既滿，又以箬葉覆於茶上，每茶一斤約用箬二兩。罌口用尺八紙焙燥封固，約六七層，壓以方厚白木板一塊，亦取焙燥［一五］者。然後於向明净室或高閣藏之。用時以新燥宜興小瓶約可受四五兩者，另貯。取用後隨即包整。夏至後三日再焙一次，秋分後三日又焙一次，一陽後三日又焙一次，連山中共焙五次。從此直至交新，色味如一。罌中用淺，更以燥箬葉滿貯之，雖久不浥。

又一法，以中罈盛茶，約十斤一瓶。每年燒稻草灰入大桶内，將茶瓶座於桶中，以灰四面填桶，瓶上覆灰築實。用時撥灰開瓶，取茶些少，仍復封瓶覆灰，則再無蒸壞之患。次年另換新灰。

又一法，於空樓中懸架，將茶瓶口朝下放，則不蒸。緣蒸氣自天而下也。

採茶時，先自帶鍋入山，别租一室，擇茶工之尤良者，倍其雇值。戒其搓摩，勿使生硬，勿令過焦。細細炒燥，扇冷方貯罌中。

採茶，不必太細，細則芽初萌而味欠足；不可太青，青則葉已老而味欠嫩。須在穀雨前後，覓成梗帶葉微緑色而團且厚者爲上。更須天色晴明採之方妙。若閩廣嶺南多瘴癘之氣，必待日出山霽，霧瘴嵐氣收净，採之可也。

馮[一六]**可賓《岕茶箋》：**茶，雨前精神未足，夏後則梗葉太粗。然以細嫩爲妙，須當交夏時，時看風日晴和，月露初收，親自監採入籃。如烈日之下，應防籃内鬱蒸，又須傘蓋。至舍速傾於净匾内薄攤，細揀枯枝、病葉、蛸絲、青牛之類，一一剔去，方爲精潔也。

蒸茶，須看葉之老嫩，定蒸之遲速，以皮梗碎而色帶赤爲度。若太熟，則失鮮。其鍋内湯須頻换新水，蓋熟湯能奪茶味也。

陳眉公《太平清話》：吴人於十月中採小春茶，此時不獨逗漏花枝，而尤喜日光晴暖。從此蹉過，霜凄雁凍，不復可堪矣。

眉公云：採茶欲精，藏茶欲燥，烹茶欲潔。

吴拭云：山中採茶歌，凄清哀婉，韻態悠長，一聲從雲際飄來，未嘗不潸然墮泪。吴歌未便能動人如此也。

熊明遇《岕山茶記》：貯茶器中，先以生炭火煅過，於烈日中曝[一七]之，令火滅，乃亂插茶中，封固罌口，覆以新磚，置於高爽近人處。霉天雨候切忌發覆，須於清燥日開取。其空缺處，即當以[一八]箬填滿，封閟如故，方爲可久。

《雪蕉館記談》：明玉珍子昇，在重慶取涪江青蟾石爲茶磨，令宫人以武隆雪錦茶碾，焙以大足縣香霏亭海棠花，味倍於常。海棠無香，獨此地有香，焙茶尤妙。

《詩話》：顧渚湧金泉，每歲造茶時，太守先祭拜，然後水稍出。造貢茶[一九]畢，水漸減。至供堂茶畢，已減半矣。太守茶畢，遂涸。北苑龍焙泉亦然。

《紫桃軒雜綴》：天下有好茶，爲凡手焙壞。有好山水，爲俗子妝點壞。有好子弟，爲庸師教壞。真無可奈何耳。

匡廬絶頂産茶，在雲霧蒸蔚中，極有勝韻，而僧拙於焙，瀹之爲赤滷，豈復有茶哉！戊戌春，小住東林，同門人董獻可、曹不隨、萬南仲，手自焙茶，有『淺碧從教如凍柳，清芬不遣雜花飛』之句。既成，色香味殆絶。

顧渚，前朝名品，正以採摘初芽，加之法製，所謂『罄一畝之入，僅充半環』，取精之多，自然擅妙也。今碌碌諸葉茶中，無殊菜瀋，何勝括目。

金華仙洞與閩中武夷俱良材，而厄於焙手。埭頭本草市溪庵施濟之品，近有蘇焙者，以色稍青，遂混常價。

《岕茶彙鈔》：岕茶不炒，甑中蒸熟，然後烘焙。緣其摘遲，枝葉微老，炒不能軟，徒枯碎耳。亦有一種細炒岕，乃他山炒焙，以欺好奇者。岕中人惜茶，決不忍嫩採以傷樹本。余意他山摘茶，亦當如岕之遲摘老蒸，似無不可。但未嘗試，不敢漫作。

茶以初出雨前者佳，惟羅岕立夏開園。吴中所貴梗粗葉厚者，有簫箬之氣，還是夏前六七日，如雀舌者，最不易得。

《檀几叢書》：南岳貢茶，天子所嘗，不敢置品。縣官修貢期以清明日入山肅祭，乃始開園採造。視松蘿、虎丘而色香豐美，自是天家清供，名曰片茶。初亦如岕茶製法，萬曆丙辰，僧稠蔭遊松蘿，乃倣製爲片。

馮時可《滇行記略》：滇南城外石馬井泉，無異惠泉；感通寺茶，不下天池、伏龍。特此中人不善焙製耳。徽州松蘿，舊亦無聞，偶虎丘一僧往松蘿庵，如虎丘法焙製，遂見嗜於天下。恨此泉無逢陸鴻漸，此茶不逢虎丘僧也。

《湖州志》：長興縣啄木嶺金沙泉，唐時每歲造茶之所也，在湖、常二郡界，泉處沙中，居常無水。將造茶，二郡太守畢至，具儀注，拜敕祭泉，頃之發源。其夕清溢，供御者畢，水即微減；供堂者畢，水已半之；太守造畢，水即涸矣。太守或還旆稽期，則示風雷之變，或見鷙獸、毒蛇、木魅、陽晱之類焉。商旅多以顧渚水造之，無沾金沙者。今之紫笋，即用顧渚造者，亦甚佳矣。

高濂《八箋》：藏茶之法，以箬葉封裹入茶焙中，兩三日一次。用火當如人體之温温然，而濕潤自去。若火多，則茶焦不可食矣。

陳眉公《太平清話》[二〇]：武夷岕蔛、紫帽、龍山皆産茶。僧拙於焙，既採，則先蒸而後焙，故色多紫赤，只堪供宫中澣濯用耳。近有以松蘿法製之者，既試之，色香亦具足，經旬月則紫赤如故。蓋製茶者，不過土著數僧耳。語三吴之法，轉轉相傚，舊態畢露。此須如昔人論琵琶法，使數年不近，盡忘其故調，而後以三吴之法行之，或有當也。

徐茂吴云：『實茶大瓮，底置箬，瓮口封閟，倒放，則過夏不黄，以其氣[三二]不外泄也。』子晋云：『當倒放有蓋缸内。缸宜砂底，則不生水而常燥。加謹封貯，不宜見日，見日則生翳而味損矣。藏又不宜於熱處。新茶不宜驟用，貯過黄梅，其味始足。』

張大復《梅花筆談》：松蘿之香馥馥，廟後之味閑閑，顧渚撲人鼻孔，齒頰都異，久之不忘。然其妙在造，凡宇内道地之産，性相近也，習相遠也。吾深夜被酒，發張震封所遺顧渚，連啜而醒。

宗室文昭《古瓻集》：桐花頗有清味，因收花以薰茶，命之曰桐茶。

有『長泉細火夜煎茶，覺有桐香入齒牙』之句。〔一二〕

王草堂《茶説》：武夷茶，自穀雨採至立夏，謂之頭春；約隔二旬復採，謂之二春；又隔又採，謂之三春。頭春葉粗味濃，二春、三春葉漸細，味漸薄，且帶苦矣。夏末秋初又採一次，名爲秋露，香更濃，味亦佳，但爲來年計，惜之不能多採耳。茶採後以竹筐勻鋪，架於風日中，名曰曬青。俟其青色漸收，然後再加炒焙。陽羡岕片祇蒸不炒，火焙以成。松蘿、龍井皆炒而不焙，故其色純。獨武夷炒焙兼施，烹出之時半青半紅，青者乃炒色，紅者乃焙色也。茶採而攤，攤而摝，香氣發越即炒，過時不及皆不可。既炒既焙，復揀去其中老葉枝蒂，使之一色。釋超全詩云：『如梅斯馥蘭斯馨，心閑手敏工夫細。』形容殆盡矣。

王草堂《節物出典》：《養生仁術》云：『穀雨日採茶，炒藏合法，能治痰及百病。』

《隨見録》：凡茶見日則味奪，惟武夷茶喜日曬。

武夷造茶，其巖茶以僧家所製者最爲得法。至洲茶中採回時，逐片擇其背上有白毛者，另炒另焙，謂之白毫，又名壽星眉。摘初發之芽，一旗未展者，謂之蓮子心。連枝二寸剪下烘焙者，謂之鳳尾、龍鬚。要皆異其製造，以欺人射利，實無足取焉。

【注】

［一］底本脱『則』字。

［二］底本無『溪』字。

［三］發：底本作『法』。

［四］底本脱『夜』字。
［五］者：底本誤作『薄』。
［六］西溪叢語：底本作『西溪叢話』。
［七］團：底本作『茶』。
［八］復：底本作『而』。
［九］茶性淫，易於染著：底本作『茶性易淫於染著』。
［一〇］連：底本作『蓮』。
［一一］蘅：底本誤作『衡』。
［一二］底本無『岕』字。
［一三］人至相競：底本作『人地相京』。
［一四］過：底本作『遍』。

[一五]底本脱『封固，約六七層，壓以方厚白木板一塊，亦取焙燥』。
[一六]馮，底本誤作『馬』。
[一七]曝：底本作『暴』。
[一八]底本脱『以』字。
[一九]貢茶：底本作『茶鼎』。
[二〇]陳眉公《太平清話》：底本作『謝肇淛《五雜組》』。
[二一]底本脱『氣』字。
[二二]此段文字底本缺。

續茶經卷中

四之器

《御史臺記》：唐制，御史有三院：一曰臺院，其僚爲侍御史；二曰殿院，其僚爲殿中侍御史；三曰察院，其僚爲監察御史。察院廳居南。會昌初，監察御史鄭路所葺。禮察廳，謂之松廳，以其南有古松也。刑察廳謂之魘廳，以寢於此者多夢魘也。兵察廳主掌院中茶，其茶必市蜀之佳者，貯於陶器，以防暑濕。御史輒躬親緘啓，故謂之茶瓶廳。

《資暇集》：茶托子始建中蜀相崔寧之女，以茶杯無襯，病其熨指，取楪子承之。既啜而杯傾。乃以蠟環楪子之央，其杯遂定，即命工匠以漆代蠟環，進於蜀相。蜀相奇之，爲製名而話於賓親，人人爲便，用於當代。

是後，傳者更環其底，愈新其製，以至百狀焉。

貞元初，青鄆油繒爲荷葉形，以襯茶碗，別爲一家之楪。今人多云托子始此，非也。蜀相即今昇平崔家，訊則知矣。

《大觀茶論·茶器》：羅、碾。碾以銀爲上，熟鐵次之。槽欲深而峻，輪欲鋭而薄。羅欲細而面緊，碾必力而速。惟再羅，則入湯輕泛，粥面光凝，盡茶之色。

盞須度茶之多少，用盞之大小。盞高茶少，則掩蔽茶色；茶多盞小，則受湯不盡。惟盞熱，則茶立發耐久。

筅以筋竹老者爲之，身欲厚重，筅欲疏勁，本欲壯而末必眇，當如劍脊之狀。蓋身厚重，則操之有力而易於運用。筅疏勁如劍脊，則擊拂雖過，而浮沫不生。

瓶宜金銀，大小之製惟所裁給。注湯利害，獨瓶之口嘴而已。嘴之口差大而宛直，則注湯力緊而不散；嘴之末欲圓小而峻削，則用湯有節而不滴瀝。蓋湯力緊則發速有節，不滴瀝則茶面不破。

杓之大小，當以可受一盞茶爲量。有餘不足，傾杓煩數，茶必冰矣。

蔡襄《茶録·茶器》： 茶焙，編竹爲之，裹以箬葉。蓋其上以收火也，隔其中以有容也。納火其下，去茶尺許，常温温然，所以養茶色香味也。

茶籠，茶不入焙者，宜密封裹，以箬籠盛之，置高處，切勿近濕氣。

砧椎，蓋以碎茶。砧，以木爲之，椎則或金或鐵，取於便用。

茶鈐，屈金鐵爲之，用以炙茶。

茶碾，以銀或鐵爲之。黄金性柔，銅及碖石皆能生鉎音星，不入用。

茶羅，以絶細爲佳。羅底用蜀東川鵝溪絹之密者，投湯中揉洗以罩之。

茶盞，茶色白，宜黑盞。建安所造者紺黑，紋如兔毫，其坯[一]微厚，熁之久熱難冷，最爲要用。出他處者，或薄或色紫，不及也。其青白盞，鬥試不宜用。

茶匙要重，擊拂有力。黄金爲上，人間以銀鐵爲之。竹者太輕，建茶不取。

茶瓶要小者，易於候湯，且點茶注湯有準。黄金爲上，若人間以銀鐵或瓷石爲之。若瓶大啜存，停久味過，則不佳矣。

孫穆《鷄林類事》：高麗方言，茶匙曰茶戍。

《清波雜志》：長沙匠者，造茶[二]器極精緻，工直之厚，等所用白金之數。士大夫家多有之，置几案間，但知以侈靡相誇，初不常用也。凡茶宜錫，竊意以錫爲合，適用而不侈。貼以紙，則茶味易損。

張芸叟云：吕申公家有茶羅子，一金飾，一棕櫚。方接客，索銀羅子，常客也；金羅子，禁近也；棕櫚，則公輔必矣。家人常挨排於屏間以候之。

《黄山谷集·同公擇咏茶碾》詩：要及新香碾一杯，不應傳寶到雲來。碎身粉骨方餘味，莫厭聲喧萬壑雷。

陶穀《清異録》：富貴湯，當以銀銚煮之，佳甚。銅銚煮水，錫壺注茶，次之。

《蘇東坡集·揚州石塔試茶》詩：坐客皆可人，鼎器手自潔。

《秦少游集·茶臼》詩：幽人耽茗飲，刳木事搗撞。巧製合臼形，雅音伴柷椌。

《文與可集·謝許判官惠茶器圖》詩：成圖畫茶器，滿幅寫茶詩。會說工全妙，深諳句特奇。

謝宗可《咏物詩・茶筅》：此君一節瑩無瑕，夜聽松聲漱玉華。萬里引風歸蟹眼，半瓶飛雪起龍芽。香凝翠髮雲生脚，濕滿蒼髯浪卷花。到手纖毫皆盡力，多因不負玉川家。

《乾淳歲時記》：禁中大慶會，用大鍍金甆。以五色果簇飣龍鳳，謂之綉茶。

《演繁露》：《東坡後集二・從駕景靈宫》詩云：『病貪賜茗浮銅葉。』按今御前賜茶皆不用建盞，用大湯甆，色正白，但其制樣似銅葉湯甆耳。銅葉色，黄褐色也。

周密《癸辛雜志》：宋時，長沙茶具精妙甲天下。每副用白金三百星或五百星，凡茶之具悉備。外則以大纓銀合貯之。趙南仲丞相帥潭，以黄金千兩爲之，以進尚方。穆陵大喜，蓋内院之工所不能爲也。

楊基《眉庵集·咏木茶爐》詩：紺緑仙人煉玉膚，花神爲曝紫霞腴。九天清泪沾明月，一點芳心托鷓鴣。肌骨已爲香魄死，夢魂猶在露團枯。孀娥莫怨花零落，分付餘醺與酪奴。

張源《茶録》：茶銚，金乃水母，銀備剛柔，味不鹹澀，作銚最良。製必穿心，令火氣易透。

茶甌，以白磁爲上，藍者次之。

聞龍《茶箋·茶鍑》：山林隱逸，水銚用銀尚不易得，何况鍑乎？若用之，恒歸於鐵也。

羅廩《茶解》：茶爐，或瓦或竹皆可，而大小須與湯銚稱。凡貯茶之器，始終貯茶，不得移爲他用。

李如一《水南翰記》：韻書無㽅字，今人呼盛茶酒器曰㽅。

《檀几叢書》：品茶用甌[三]，白瓷爲良，所謂『素瓷傳静夜，芳氣滿閑軒』也。製宜弇口邃腸，色浮浮而香不散。

《茶説》：器具精潔，茶愈爲之生色。今時姑蘇之錫注，時大彬之沙壺，汴梁之錫銚，湘妃竹之茶竈，宣、成窑之茶盞，高人詞客、賢士大夫莫不爲之珍重。即唐宋以來，茶具之精，未必有如斯之雅致。

《聞雁齋筆談》：茶既就筐，其性必發於日，而遇知己於水。然非煮之茶竈、茶爐，則亦不佳。故曰飲茶，富貴之事也。

《雪庵清史》：泉冽性駛，非扃以金銀器，味必破器而走矣。有饋中泠[四]泉於歐陽文忠者，公訝曰：『君故貧士，何爲致此奇貺？』徐視饋器，乃曰：『水味盡矣。』噫！如公言，飲茶乃富貴事耶。嘗考宋之大小龍團，始於丁謂，成於蔡襄。公聞而嘆曰：『君謨士人也，何至作此事！』東坡詩曰：『武夷溪邊粟粒芽，前丁後蔡相寵嘉。吾君所乏豈此物，致養口體何陋耶。』觀此則二公又爲茶敗壞多矣。故余於茶瓶而有感。

茶鼎。丹山碧水之鄉，月澗雲龕之品，滌煩消渴，功誠不在芝朮下。然不有似泛乳花、浮雲脚，則草堂暮雲陰，松窗殘雪明，何以勺之野語清。噫！鼎之有功於茶大矣哉！故日休有『立作菌蠢勢，煎爲潺湲聲』，禹錫有『驟雨松風入鼎來，白雲滿碗花徘徊』，居仁有『浮花原屬三昧手，竹齋自試魚眼湯』，仲淹有『鼎磨雲外首山銅，瓶携江上中濡水』，景綸有『待得聲聞俱寂後，一甌春雪勝醍醐』。噫！鼎之有功於茶大矣哉！雖然，吾猶有取盧仝『柴門反關無俗客，紗帽籠頭自煎喫』，楊萬里『老夫平生愛煮茗，十年燒穿折脚鼎』。如二君者，差可不負此鼎耳。

馮時可《茶録》：芘莉，一名篣筤，茶籠也。犧，木杓也，瓢也。

《宜興志·茗壺》：陶穴環於蜀山，原名獨山，東坡居陽羨時，以其似蜀中風景，改名蜀山。今山椒建東坡祠以祀之，陶煙飛染，祠宇盡黑。

冒巢民云：茶壺以小爲貴，每一客一壺，任獨斟飲，方得茶趣。何也？壺小則香不渙散，味不耽遲。况茶中香味不先不後，恰有一時。太早或未足，稍緩或已過，個中之妙，清心自飲，化而裁之，存乎其人。

周高起《陽羨茗壺系》：茶至明代，不復碾屑和香藥製團餅，已遠過古人。近百年中，壺黜銀錫及閩豫瓷，而尚宜興陶，此又遠過前人處也。陶曷取諸？取其製，以本山土砂，能發真茶之色香味，不但杜工部云『傾金注玉驚人眼』，高流務以免俗也。至名手所作，一壺重不數兩，價每一二十金，能使土與黃金爭價。世日趨華，抑足感矣。考其創始，自金沙寺僧，久而逸其名。又提學頤山吴公讀書金沙寺中，有青衣供春者，倣老僧法爲之。栗色闇闇，敦龎周正，指螺紋隱隱可按，允稱第一，世作龔春，誤也。

萬曆間，有四大家：董翰、趙梁、玄錫、時朋。朋即大彬父也。大彬號少山，不務妍媚而樸雅堅栗，妙不可思，遂於陶人擅空群之目矣。

此外，則有李茂林、李仲芳、徐友泉；又大彬徒歐正春、邵文金、邵文銀、蔣伯荂四人；陳用卿、陳信卿、閔魯生、陳光甫；又婺源人陳仲美，重鎪疊刻，細極鬼工；沈君用、邵蓋、周後溪、邵二孫、陳俊卿、周季山、陳和之、陳挺生、承雲從、沈君盛、陳辰輩，各有所長。徐友泉所自製之泥色，有海棠紅、朱砂紫、定窑白、冷金黄、淡墨、沉香、水碧、榴皮、葵黄、閃色、梨皮等名。大彬鐫款，用竹刀畫之，書法閑雅。

茶洗，式如扁壺，中加一盎，鬲而細竅其底，便於過水漉沙。茶藏，以閉洗過之茶者。陳仲美、沈君用各有奇製。水杓、湯銚，亦有製之盡美者，要以椰瓢、錫缶爲用之恒。

茗壺宜小不宜大，宜淺不宜深。壺蓋宜盎不宜砥。湯力茗香俾得團結氤氳，方爲佳也。

壺若有宿雜氣，須滿貯沸湯滌之，乘熱傾去，即没於冷水中，亦急出水瀉之，元氣復矣。

許次杼《茶疏》：茶盒，以貯日用零茶，用錫爲之，從大壜中分出，若用盡時再取。

茶壺，往時尚龔春，近日時大彬所製極爲人所重。蓋是粗砂製成，正取砂無土氣耳。

臞仙云：茶甌者，予嘗以瓦爲之，不用磁。以笋殼爲蓋，以槲葉攢覆於上，如箬笠狀，以蔽其塵。用竹架盛之，極清無比。茶匙以竹編成，細如笊籬樣，與塵世所用者大不凡矣，乃林下出塵之物也。煎茶用銅瓶不免湯腥，用砂銚亦嫌土氣，惟純錫爲五金之母，製銚能益水德。

謝肇淛《五雜組》：宋初閩茶，北苑爲最。當時上供者，非兩府禁近不得賜，而人家亦珍重愛惜。如王東城有茶囊，惟楊大年至，則取以具茶，他客莫敢望也。

《支廷訓集》：有《湯蘊之傳》，乃茶壺也。

文震亨《長物志》：壺以砂者爲上，既不奪香，又無熟湯氣。錫壺有趙良璧者亦佳。吳中歸錫，嘉禾黃錫，價皆最高。

《遵生八箋》：茶銚、茶瓶，磁砂爲上，銅錫次之。磁壺注茶，砂銚煮水爲上。茶盞，惟宣窑壇盞爲最，質厚白瑩，樣式古雅有等。宣窑印花白甌，式樣得中，而瑩然如玉。次則嘉窑，心内有茶字小盞爲美。欲試茶色黄白，豈容青花亂之。注酒亦然，惟純白色器皿爲最上乘，餘品皆不取。

試茶以滌器爲第一要。茶瓶、茶盞、茶匙生鉎，致損茶味，必須先時洗潔則美。

曹昭《格古要論》：古人喫茶，湯用擎，取其易乾不留滯。

陳繼儒《試茶》詩，有『竹爐幽討』『松火怒飛』之句。竹茶爐，出惠山者最佳。

《淵鑒類函·茗碗》：韓詩『茗碗纖纖捧』。

徐葆光《中山傳信録》：琉球茶甌，色黄，描青緑花草，云出土噶喇。其質少粗無花，但作冰紋者，出大島。甌上造一小木蓋，朱黑漆之，下作空心托子，製作頗工。亦有茶托、茶帚。其茶具、火爐與中國小異。

葛萬里《清異論[五]録》：時大彬茶壺，有名釣雪，似帶笠而釣者。然無牽合意。

《隨見録》：洋銅茶銚，來自海外。紅銅蕩錫，薄而輕，精而雅，烹茶最宜。

【注】

[一]坯：底本作『杯』。

[二]茶：底本作『酒』。

[三]甌：底本誤作『歐』。

[四]泠：底本誤作『冷』。

[五]底本無『論』字。

續茶經卷下之一

五之煮

唐陸羽《六羨歌》：不羨黄金罍，不羨白玉杯；不羨朝入省，不羨暮入臺；千羨萬羨西江水，曾向竟陵城下來。

唐張又新《水記》：故刑部侍郎劉公諱伯芻，于又新丈人行也。爲學精博，有風鑒稱。較水之與茶宜者，凡七等：揚子江南零水第一；無錫惠山寺石水第二；蘇州虎丘寺石水第三；丹陽縣觀音寺井水第四；大明寺井水第五；吴淞江水第六；淮水最下第七。余嘗具甌於舟中，親挹而比之，誠如其説也。客有熟於兩浙者，言搜訪未盡，余嘗志之。及刺永嘉，過桐廬江，至嚴瀨，溪色至清，水味甚冷，煎以佳茶，不可名其鮮馥也，愈於揚子南零殊遠。及至永嘉，取仙巖瀑布用之，亦不下南零，以是知客之説信矣。

陸羽論水次第，凡二十種：廬山康王谷水簾水第一；無錫惠山寺石泉水第二；蘄州蘭溪石下水第三；峽州扇子山下蝦蟆口水第四；蘇州虎丘寺石泉水第五；廬山招賢寺下方橋潭水第六；揚子江南零水第七；洪州西山瀑布泉第八；唐州桐柏縣淮水源第九；廬州龍池山嶺水第十；丹陽縣觀音寺水第十一；揚州大明寺水第十二；漢江金州上游中零水第十三水苦；歸州玉虛洞下香溪水第十四；商州武關西洛水第十五；吳淞江水第十六；天台山西南峰千丈瀑布水第十七；柳州圓泉水第十八；桐廬嚴陵灘水第十九；雪水第二十用雪水不可太冷。

唐顧況《論茶》：煎以文火細煙，煮以小鼎長泉。

蘇廙《仙芽傳》第九卷載『作湯十六法』謂：湯者，茶之司命。若名茶而濫湯，則與凡味同調矣。煎以老嫩言，凡三品；注以緩急言，凡三品；以器標者，共五品；以薪論者，共五品。一得一湯，二嬰湯，三百壽湯，四中湯，五斷脉湯，六大壯湯，七富貴湯，八秀碧湯，九壓一湯，十纏口湯，十一減價湯，十二法律湯，十三一面湯，十四宵人湯，十五賤湯，十六魔湯。

丁用晦《芝田録》：唐李衛公德裕，喜惠山泉，取以烹茗。自常州到京，置驛騎傳送，號曰『水遞』。後有僧某曰：『請爲相公通水脉。蓋京師有一眼井與惠山泉脉相通，汲以烹茗，味殊不異。』公問：『井在何坊曲？』曰：『昊天觀常住庫後是也。』因取惠山、昊天各一瓶，雜以他水八瓶，令僧辨晰。僧止取二瓶井泉，德裕大加奇嘆。

《**事文類聚**〔一〕》：贊黃公李德裕居廊廟日，有親知奉使於京口。公曰：『還日，金山下揚子江南零水，與取一壺來。』其人敬諾。及使回舉棹日，因醉而忘之，泛舟至石城下方憶，乃汲一瓶於江中，歸京獻之。公飲後，嘆訝非常，曰：『江表水味有異於頃歲矣，此水頗似建業石頭城下水也。』其人即謝過，不敢隱。

《**河南通志**》：盧仝茶泉在濟源縣。仝有莊，在濟源之通濟橋二里餘，茶泉存焉。其詩曰：『買得一片田，濟源花洞前。自號玉川子，有寺名玉泉。』汲此寺之泉煎茶。有《玉川子飲茶歌》，句多奇警。

《**黃州志**》：陸羽泉在蘄水縣鳳栖山下，一名蘭溪泉，羽品爲天下第三泉也。嘗汲以烹茗，宋王元之有詩。

無盡法師《天台志》：陸羽品水，以此山瀑布泉爲天下第十七水。

余嘗試飲，比余豳溪、蒙泉殊劣。余疑鴻漸但得至瀑布泉耳。苟遍歷天台，當不取金山爲第一也。

《海録》：陸羽品水，以雪水第二十，以煎茶滯而太冷也。

陸平泉《茶寮記》：唐秘書省中水最佳，故名秘水。

《檀几叢書》：唐天寶中，稠錫禪師名清晏，卓錫南嶽磵上，泉忽迸石窟間，字曰真珠泉。師飲之，清甘可口，曰：『得此瀹吾鄉桐廬茶，不亦稱乎！』

《大觀茶論》：水以輕清甘潔爲美，用湯以魚目、蟹眼連絡迸躍爲度。

《咸淳臨安志》：栖霞洞内有水洞深不可測，水極甘冽。魏公嘗調以瀹茗。又蓮花院有三井，露井最良，取以烹茗，清甘寒冽，品爲小林第一。

王氏《談録》：公言茶品高而年多者，必稍陳。遇有茶處，春初取新芽輕炙，雜而烹之，氣味自復在。襄陽試作甚佳，嘗語君謨，亦以爲然。

歐陽修《浮槎水記》：浮槎與龍池山皆在廬州界中，較其味不及浮槎遠甚。而又新所記，以龍池爲第十，浮槎之水棄而不録，以此知又新所失多矣。陸羽則不然，其論曰：『山水上，江次之，井爲下，山水乳泉石池漫流者上。』其言雖簡，而於論水盡矣。

蔡襄《茶録》：茶或經年，則香色味皆陳。煮時先於净器中以沸湯漬之，刮去膏油去聲一兩重即止。乃以鈐拑之，用微火炙乾，然後碎碾。若當年新茶，則不用此説。碾時，先以净紙密裹搥碎，然後熟碾。其大要旋碾則色白，如經宿則色昏矣。

碾畢即羅。羅細則茶浮，粗則沫浮。

候湯最難，未熟則沫浮，過熟則茶沉。前世謂之蟹眼者，過熟湯也。

沉瓶中煮之不可辨，故曰候湯最難。

茶少湯多則雲脚散，湯少茶多則粥面聚。建人謂之雲脚、粥面。鈔茶一錢七，先注湯，調令極勻。又添注入，環迴擊拂。湯上盞可四分則止，眡其面色鮮白，著盞無水痕爲絶佳。建安鬥茶，以水痕先退者爲負，耐久者爲勝，故校勝負之説曰相去一水兩水。

茶有真香，而入貢者微以龍腦和膏，欲助其香。建安民間試茶，皆不入香，恐奪其真也。若烹點之際，又雜以珍果香草，其奪益甚，正當不用。

陶穀《清異録》：饌茶而幻出物象於湯面者，茶匠通神之藝也。沙門福全生於金鄉，長於茶海，能注湯幻茶成一句詩，如並點四甌，共一首絶句，泛於湯表。小小物類，唾手辦爾。檀越日造門，求觀湯戲。全自咏詩曰：『生成盞裏水丹青，巧畫工夫學不成。却笑當時陸鴻漸，煎茶贏得好名聲。』

茶至唐而始盛。近世有下湯運匕，别施妙訣，使湯紋水脉成物象者，禽獸、蟲魚、花草之屬，纖巧如畫，但須臾即就散滅，此茶之變也。時人謂之『茶百戲』。

又有漏影春法。用鏤紙貼盞，糁茶而去紙，僞爲花身。别以荔肉爲葉，松實、鴨脚之類珍物爲蕊，沸湯點攪。

《煮茶泉品》：予少得温氏所著《茶説》，嘗識其水泉之目，有二十焉。會西走巴峽，經蝦蟆窟；北憩蕪城，汲蜀岡井；東遊故都，絶揚子江。留丹陽酌觀音泉，過無錫斠慧山水。粉槍末旗，蘇蘭薪桂，且鼎且缶，以飲以歠，莫不瀹氣滌慮，蠲病析酲，祛鄙吝之生心，招神明而還觀。信乎！物類之得宜，臭味之所感，幽人之佳尚，前賢之精鑒，不可及已。昔酈元善於《水經》，而未嘗知茶；王肅癖於茗飲，而言不及水，表是二美，吾無愧焉。

魏泰《東軒筆録》：鼎州北百里有甘泉寺，在道左，其泉清美，最宜瀹茗。林麓迴抱，境亦幽勝。寇萊公謫守雷州，經此酌泉，誌壁而去。未幾，丁晋公竄朱崖，復經此，禮佛留題而行。天聖中，范諷以殿中丞安撫湖外，至此寺睹二相留題，徘徊慨嘆，作詩以誌其旁曰：『平仲酌泉方頓轡，謂之禮佛繼南行。層巒下瞰嵐煙路，轉使高僧薄寵榮。』

張邦基《墨莊漫録》：元祐六年七夕日，東坡時知揚州，與發運使晁端彦、吴倅晁无咎，大明寺汲塔院西廊井，與下院蜀井二水，校其高下，以塔院水爲勝。

華亭縣有寒穴泉，與無錫惠山泉味相同，並嘗之不覺有異，邑人知之者少。王荆公嘗有詩云：『神震冽冰霜，高穴雪與平。空山渟千秋，不出嗚咽聲。山風吹更寒，山月相與清。北客不到此，如河洗煩酲。』

羅大經《鶴林玉露》：余同年友李南金云：《茶經》以魚目、湧泉、連珠爲煮水之節。然近世瀹茶，鮮以鼎鍑，用瓶煮水，難以候視。則當以聲辨一沸、二沸、三沸之節。又陸氏之法，以未就茶鍑，故以第二沸爲合量而下末[二]。若今以湯就茶甌瀹之，則當用背二涉三之際爲合量也。乃爲聲辨之詩曰：『砌蟲唧唧萬蟬催，忽有千車捆載來。聽得松風并澗水，急呼縹色綠磁杯。』其論固已精矣。然瀹茶之法，湯欲嫩而不欲老。蓋湯嫩則茶味甘，老則過苦矣。若聲如松風澗水而遽瀹之，豈不過於老而苦哉！惟移瓶去火，少待其沸止而瀹之，然後湯適中而茶味甘。此南金之所未講也。因補一詩云：『松風桂雨到來初，急引銅瓶離竹爐。待得聲聞俱寂後，一甌春雪勝醍醐。』

趙彦衛《雲麓漫鈔[三]**》**：陸羽別天下水味，各立名品，有石刻行於世。《列子》云孔子『淄澠之合，易牙能辨之』。易牙，齊威公大夫。淄澠二水，易牙知其味，威公不信，數試[四]皆驗。陸羽豈得其遺意乎？

《黄山谷集》：瀘州大雲寺西偏崖石上，有泉滴瀝，一州泉味皆不及也。

林逋《烹北苑茶有懷》：石碾輕飛瑟瑟塵，乳花烹出建溪春。人間絶品應難識，閑對《茶經》憶故人。

《東坡集》：予頃自汴入淮泛江，溯峽歸蜀，飲江淮水蓋彌年。既至，覺井水腥澀，百餘日然後安之。以此知江水之甘於井也，審矣。今來嶺外，自揚子始飲江水，及至南康，江益清駛，水益甘，則又知南江賢於北江也。

近度嶺入清遠峽，水色如碧玉，味益勝。今遊羅浮，酌泰禪師錫杖泉，則清遠峽水又在其下矣。嶺外惟惠州人喜鬥茶，此水不虛出也。

惠山寺東爲觀泉亭，堂曰漪瀾，泉在亭中，二井石甃相去咫尺，方圓異形。汲者多由圓井，蓋方動圓静，静清而動濁也。流過漪瀾，從石龍口中出，下赴大池者，有土氣，不可汲。泉流冬夏不涸，張又新品爲天下第二泉。

《避暑録話》：裴晉公詩云：『飽食緩行初睡覺，一甌新茗侍[五]兒煎。脱巾斜倚繩床坐，風送水聲來耳邊。』公爲此詩必自以爲得意，然吾山居七年，享此多矣。

馮璧《東坡海南烹茶圖》詩：講筵分賜密雲龍，春夢分明覺亦空。地惡九鑽黎火洞，天游兩腋玉川風。

《萬花谷》：黄山谷有《井水帖》云：『取井傍十數小石，置瓶中，令水不濁。』故《咏慧山泉》詩云『錫谷寒泉㯐石俱』是也。石圓而長曰㯐，所以澄水。

茶家碾茶，須碾着眉上白，乃爲佳。曾茶山詩云：『碾處須看眉上白，分時爲見眼中青。』

《輿地紀勝》：竹泉，在荆州府松滋縣南。宋至和初，苦竹寺僧浚井得筆。後黄庭堅謫黔過之，視筆曰：『此吾蝦蟆碚所墜。』因知此泉與之相通。其詩曰：『松滋縣西竹林寺，苦竹林中甘井泉。巴人謾説蝦蟆碚，試裏春茶來就煎。』

周輝《清波雜志》：余家惠山，泉石皆爲几案間物。親舊東來，數問松竹平安信。且時致陸子泉，茗碗殊不落寞。然頃歲亦可致於汴都，但未免瓶盎氣。用細砂淋過，則如新汲時，號『拆[六]洗惠山泉』。天台竹瀝水，彼地人斷竹稍屈而取之盈瓮者，若[七]雜以他水則亟敗。蘇才翁與蔡君謨比茶，蔡茶精，用惠山泉煮。蘇茶劣，用竹瀝水煎，便能取勝。此説見江鄰幾所著《嘉祐雜志》。果爾，今喜擊拂者，曾無一語及之，何也？雙井因山谷乃重，蘇魏公嘗云：『平生薦舉不知幾何人，唯孟安序朝奉歲以雙井一瓮爲餉。』蓋公不納苞苴，顧獨受此，其亦珍之耶！

《東京記》：文德殿兩掖有東西上閤門，故杜詩云：『東上閤之東，有井泉絶佳。』山谷《憶東坡烹茶》詩云：『閤門井不落第二，竟陵谷簾空誤書。』

陳舜俞《廬山記》：康王谷有水簾，飛泉破巖而下者二三十派。其廣七十餘尺，其高不可計。山谷詩云『谷簾煮甘露』是也。

孫月峰《坡仙食飲録》：唐人煎茶多用薑，故薛能詩云：『鹽損添常戒，薑宜著更誇。』據此，則又有用鹽者矣。近世有此二物者，輒大笑之。然茶之中等者，用薑煎，信佳。鹽則不可。

馮可賓《岕茶箋》：茶雖均出於岕，有如蘭花香而味甘，過霉歷秋，開罈烹之，其香愈烈，味若新沃。以湯色尚白者，真洞山也。他嶰初時亦香，秋則索然矣。

《群芳譜》：世人情性嗜好各殊，而茶事則十人而九。竹爐火候，茗碗清緣。煮引風之碧雲，傾浮花之雪乳。非藉湯勳，何昭茶德？略而言之，其法有五：一曰擇水，二曰簡器，三曰忌溷，四曰慎煮，五曰辨色。

《吴興掌故録》：湖州金沙泉，至元中中書省遣官致祭，一夕水溢，溉田千畝，賜名瑞應泉。

《職方志》：廣陵蜀岡上有井，曰蜀井，言水與西蜀相通。茶品天下水有二十種，而蜀岡水爲第七。

《遵生八箋》：凡點茶，先須熁盞令熱，則茶面聚乳，冷則茶色不浮。熁音脅，火迫也。

陳眉公《太平清話》：余嘗酌中泠，劣於惠山，殊不可解。後考之，乃知陸羽原以廬山谷簾泉爲第一。《山疏》云：『陸羽《茶經》言，瀑瀉湍激者勿食。今此水瀑瀉湍激無如矣，乃以爲第一，何也？又雲液泉在谷簾側，山多雲母，泉其液也，洪纖如指，清冽甘寒，遠出谷簾之上，乃不得第一，又何也？』又碧琳池東西兩泉，皆極甘香，其味不減惠山，而東泉尤冽。

蔡君謨『湯取嫩而不取老』，蓋爲團餅茶言耳。今旗芽槍甲，湯不足則茶神不透，茶色不明。故茗戰之捷，尤在五沸。

徐渭《煎茶七類》：煮茶非漫浪，要須其人與茶品相得，故其法往往每傳於高流隱逸，有煙霞泉石磊塊於胸次間者。

品泉以井水爲下。井取汲多者，汲多則水活。

候湯眼鱗鱗起，沫餑鼓泛，投茗器中。初入湯少許，俟湯茗相投即滿注，雲脚漸開，乳花浮面，則味全。蓋古茶用團餅碾屑，味易出。葉茶驟則乏味，過熟則味昏底滯。

張源《茶録》：山頂泉清而輕，山下泉清而重，石中泉清而甘，砂中泉清而冽，土中泉清而厚。流動者良於安静，負陰者勝於向陽。山削者泉寡，山秀者有神。真源無味，真水無香。流於黄石爲佳，瀉出青石無用。

湯有三大辨：一曰形辨，二曰聲辨，三曰捷辨。形爲内辨，聲爲外辨，捷爲氣辨。如蝦眼、蟹眼、魚目、連珠，皆爲萌湯，直至湧沸如騰波鼓浪，水氣全消，方是純熟；如初聲、轉聲、振聲、駭聲，皆爲萌湯，直至無聲，方爲純熟。如氣浮一縷、二縷、三縷，及縷亂不分，氤氳繚繞，皆爲萌湯，直至氣直冲貫，方是純熟。蔡君謨因古人製茶碾磨作餅，則見沸而茶神便發。此用嫩而不用老也。今時製茶，不假羅碾，全具元體，湯須純熟，元神始發也。

爐火通紅，茶銚始上。扇起要輕疾，待湯有聲，稍稍重疾，斯文武火之候也。若過乎文，則水性柔，柔則水爲茶降；過於武，則火性烈，烈則茶爲水制，皆不足於中和，非茶家之要旨。

投茶有序，無失其宜。先茶後湯，曰下投；湯半下茶，復以湯滿，曰中投；先湯後茶，曰上投。夏宜上投，冬宜下投，春秋宜中投。

不宜用：惡木、敝器、銅匙、銅銚、木桶、柴薪、煙煤、麩炭、粗童、惡婢、不潔巾帨，及各色果實香藥。

謝肇淛《五雜組》：唐薛能《茶詩》云：『鹽損添常戒，薑宜著更誇。』煮茶如是，味安得佳？此或在竟陵翁未品題之先也。至東坡《和寄茶》詩云：『老妻稚子不知愛，一半已入薑鹽煎。』則業覺其非矣。而此習猶在也。今江右及楚人，尚有以薑煎茶者，雖云古風，終覺未典。

閩人苦山泉難得，多用雨水，其味甘不及山泉而清過之。然自淮而北，則雨水苦黑，不堪煮茗矣。惟雪水，冬月藏之，入夏用，乃絶佳。夫雪固雨所凝也，宜雪而不宜雨，何哉？或曰：北方瓦屋不浄，多用穢泥塗塞故耳。

古時之茶，曰煮，曰烹，曰煎。須湯如蟹眼，茶味方中。今之茶惟用沸湯投之，稍著火即色黄而味澀，不中飲矣。乃知古今煮法亦自不同也。

蘇才翁鬥茶用天台竹瀝水，乃竹露，非竹瀝也。若今醫家用火逼竹取瀝，斷不宜茶矣。

顧元慶《茶譜》：煎茶四要：一擇水，二洗茶，三候湯，四擇品。點茶三要：一滌器，二熁盞，三擇果。

熊明遇《岕山茶記》：烹茶，水之功居大。無山泉則用天水，秋雨爲上，梅雨次之，秋雨冽而白，梅雨醇而白。雪水，五穀之精也，色不能白。養水須置石子於甕，不惟益水，而白石清泉，會心亦不在遠。

《雪庵清史》：余性好清苦，獨與茶宜。幸近茶鄉，恣我飲啜。乃友人不辨三火三沸法，余每過飲，非失過老，則失之太嫩，致令甘香之味蕩然無存，蓋誤於李南金之説耳。如羅玉露之論，乃爲得火候也。友曰：『吾性惟好讀書，玩佳山水，作佛事，或時醉花前，不愛水厄，故不精於火候。

昔人有言：釋滯消壅，一日之利暫佳；瘠氣耗精，終身之害斯大。獲益則歸功茶力，貽害則不謂茶灾。甘受俗名，緣此之故。』噫！茶冤甚矣。不聞秃翁之言：釋滯消壅，清苦之益實多；瘠氣耗精，情欲之海最大。獲益則不謂茶力，自害則反謂茶殃。且無火候，不獨一茶。讀書而不得其趣，玩山水而不會其情，學佛而不破其宗，好色而不飲其韻，皆無火候者也。豈余愛茶而故爲茶吐氣哉？亦欲以此清苦之味，與故人共之耳！

煮茗之法有六要：一曰别，二曰水，三曰火，四曰湯，五曰器，六曰飲。有粗茶，有散茶，有末茶，有餅茶；有研者，有熬者，有煬者，有舂者。余幸得産茶方，又兼得烹茶六要，每遇好朋，便手自煎烹。但願一甌常及真，不用撑腸拄腹文字五千卷也。故曰飲之時義遠矣哉！

田藝蘅《煮泉小品》：茶，南方嘉木，日用之不可少者。品固有嫩惡，若不得其水，且煮之不得其宜，雖佳弗佳也。但飲泉覺爽，啜茗忘喧，謂非膏粱紈綺可語。爰著《煮泉小品》，與枕石漱流者商焉。

陸羽嘗謂：『烹茶於所産處無不佳，蓋水土之宜也。』此論誠妙。況旋摘旋瀹，兩及其新耶！故《茶譜》亦云『蒙之中頂茶，若獲一兩，以本處水煎服，即能祛宿疾』，是也。今武林諸泉，惟龍泓入品，而茶亦惟龍泓山爲最。蓋兹山深厚高大，佳麗秀越，爲兩山之主。故其泉清寒甘香，雅宜煮茶。虞伯生詩：『但見瓢中清，翠影落群岫。烹煎黄金芽，不取穀雨後。』姚公綬詩：『品嘗顧渚風斯下，零落《茶經》奈爾何！』則風味可知矣，又況爲葛仙翁煉丹之所哉？又其上爲老龍泓，寒碧倍之，其地産茶爲南北兩山絶品。鴻漸第錢塘天竺、靈隱者爲下品，當未識此耳。而郡志亦只稱寶雲、香林、白雲諸茶，皆未若龍泓之清馥雋永也。余嘗一一試之，求其茶泉雙絶，兩浙罕伍云。

山厚者泉厚，山奇者泉奇，山清者泉清，山幽者泉幽，皆佳品也。不厚則薄，不奇則蠢，不清則濁，不幽則喧，必無用矣。

江，公也，衆水共入其中也。水共則味雜，故曰江水次之。其水取去人遠者，蓋去人遠，則湛深而無蕩漾之漓耳。嚴陵瀨，一名七里灘，蓋沙石上曰瀨、曰灘也，總謂之浙江，但潮汐不及，而且深澄，故入陸品耳。余嘗清秋泊釣臺下，取囊中武夷、金華二茶試之，固一水也，武夷則黄而燥冽，金華則碧而清香，乃知擇水當擇茶也。鴻漸以婺州爲次，而清臣以白乳爲武夷之右，今優劣頓反矣。意者所謂離其處，水功其半者耶！

去泉再遠者，不能日汲。須遣誠實山僮取之，以免石頭城下之僞。蘇子瞻愛玉女河水，付僧調水符以取之，亦惜其不得枕流焉耳。故曾茶山《謝送惠山泉》詩有『舊時水遞費經營』之句。

湯嫩則茶味不出，過沸則水老而茶乏。惟有花而無衣，乃得點瀹之候耳。

有水有茶，不可以無火，非謂其真無火也，失所宜也。李約云『茶須活火煎』，蓋謂炭火之有焰者。東坡詩云『活火仍將活火烹』，是也。余則以爲山中不常得炭，且死火耳，不若枯松枝爲妙。遇寒月，多拾松實房蓄，爲煮茶之具更雅。

人但知湯候，而不知火候。火然則水乾，是試火當先於試水也。《呂氏春秋》伊尹説湯五味，『九沸九變，火爲之紀』。

許次杼《茶疏》：甘泉旋汲，用之斯良，丙舍在城，夫豈易得。故宜多汲，貯以大甕，但忌新器，爲其火氣未退，易於敗水，亦易生蟲。久用則善，最嫌他用。水性忌木，松杉爲甚。木桶貯水，其害滋甚，挈瓶爲佳耳。

沸速，則鮮嫩風逸。沸遲，則老熟昏鈍。故水入銚，便須急煮。候有松聲，即去蓋，以息其老鈍。蟹眼之後，水有微濤，是爲當時。大濤鼎沸，旋至無聲，是爲過時。過時老湯，決不堪用。

茶注、茶銚、茶甌，最宜蕩滌。飲事甫畢，餘瀝殘葉，必盡去之。如或少存，奪香敗味。每日晨興，必以沸湯滌過，用極熟麻布向內拭乾。以竹編架覆而庋之燥處，烹時取用。

三人以上，止熱一爐。如五六人，便當兩鼎爐，用一童，湯方調適。若令兼作，恐有參差。

火必以堅木炭爲上。然木性未盡，尚有餘煙，煙氣入湯，湯必無用。故先燒令紅，去其煙焰，兼取性力猛熾，水乃易沸。既紅之後，方授水器，乃急扇之。愈速愈妙，毋令手停。停過之湯，寧棄而再烹。

茶不宜近陰室、厨房、市喧、小兒啼、野性人、僮奴相鬨、酷熱齋舍。

羅廩《茶解》：茶色白，味甘鮮，香氣撲鼻，乃爲精品。茶之精者，淡亦白，濃亦白，初潑白，久貯亦白。味甘色白，其香自溢，三者得則俱得也。近來好事者，或慮其色重，一注之水，投茶數片，味固不足，香亦窅然，終不免水厄之誚，雖然，尤貴擇水。香以蘭花爲上，蠶荳花次之。

煮茗須甘泉，次梅水，梅雨如膏，萬物賴以滋養，其味獨甘。梅後便不堪飲。大瓮滿貯，投伏龍肝一塊以澄之，即竈中心乾土也，乘熱投之。

李南金謂，當背二涉三之際爲合量。此真賞鑒家言。而羅鶴林懼湯老，欲於松風澗水後，移瓶去火，少待沸止而瀹之。此語亦未中窾。殊不知湯既老矣，雖去火何救哉？貯水瓮須置於陰庭，覆以紗帛，使晝挹天光，夜承星露，則英華不散，靈氣常存。假令壓以木石，封以紙箬，暴於日中，則内閉其實，外耗其精，水神敝矣，水味敗矣。

《考槃餘事》：今之茶品與《茶經》迥異，而烹製之法，亦與蔡、陸諸人全不同矣。

始如魚目微微有聲爲一沸，緣邊湧泉如連珠爲二沸，奔濤濺沫爲三沸。其法非活火不成。若薪火方交，水釜纔熾，急取旋傾，水氣未消，謂之嫩。若人過百息，水逾十沸，始取用之，湯已失性，謂之老。老與嫩皆非也。

《夷門廣牘》：虎丘石泉，舊居第三，漸品第五。以石泉渟泓，皆雨澤之積，滲竇之潢也。況闔廬墓隧，當時石工多死，僧衆上栖，不能無穢濁滲入。雖名陸羽泉，非天然水。道家服食，禁屍氣也。

《六硯齋筆記》：武林西湖水，取貯大缸，澄淀六七日。有風雨則覆，晴則露之，使受日月星之氣。用以烹茶，甘淳有味，不遜慧麓。以其溪谷奔注，涵浸凝渟，非復一水，取精多而味自足耳。以是知凡有湖陂大浸處，皆可貯以取澄，絶勝淺流。陰井，昏滯腥薄，不堪點試也。古人好奇，飲中作百花熟水，又作五色飲，及冰蜜、糖藥種種各殊。余以爲皆不足尚。如值精茗適乏，細劚松枝瀹湯，漱咽而已。

《竹嬾茶衡》：處處茶皆有，然勝處未暇悉品，姑據近道日御者：虎丘氣芳而味薄，乍入盎，菁英浮動，鼻端拂拂如蘭初析，經喉吻亦快然，然必惠麓水，甘醇足佐其寡薄。龍井味極腆厚，色如淡金，氣亦沉寂，而咀咽之久，鮮腴潮舌，又必藉虎跑空寒熨齒之泉發之然後飲者，領雋永之滋，無昏滯之患耳。

松雨齋《運泉約》：吾輩竹雪神期，松風齒頰，暫隨飲啄人間，終擬逍遥物外。名山未即，塵海何辭？然而搜奇煉句，液瀝易枯；滌滯洗蒙，茗泉不廢。月團三百，喜拆魚緘；槐火一篝，驚翻蟹眼。陸季疵之著述，既奉典刑；張又新之編摩，能無鼓吹。昔衛公宦達中書，頗煩遞水；杜老潛居夔峽，險叫濕雲。今者，環處惠麓，逾二百里而遥；問渡松陵，不三四日而致。登新捐舊，轉手妙若轆轤；取便費廉，用力省於桔槔。凡吾清士，咸赴嘉盟。

運惠水：每罈償舟力費銀三分，水罈罈價及罈蓋自備之計。水至，走報各友，令人自擡。每月上旬斂銀，中旬運水。月運一次，以致清新。

願者書號於左，以便登册，併開罈數，如數付銀。

某月某日付。松雨齋主人謹訂。

《岕茶彙鈔》：烹時先以上品泉水滌烹器，務鮮務潔。次以熱水滌茶葉。水若太滚，恐一滌味損，當以竹箸夾茶於滌器中反覆洗蕩，去塵土、黄葉、老梗既盡，乃以手搦乾，置滌器内蓋定。少刻開視，色青香冽，急取沸水潑之。夏先貯水入茶，冬先貯茶入水。

茶色貴白，然白亦不難。泉清、瓶潔、葉少、水洗，旋烹旋啜，其色自白，然真味抑鬱，徒爲目食耳。若取青緑，則天池、松蘿及岕之最下者，雖冬月，色亦如苔衣，何足爲妙？若余所收真洞山茶，自穀雨後五日者，以湯薄澣，貯壺良久，其色如玉。至冬則嫩緑，味甘色淡，韻清氣醇，亦作嬰兒肉香。而芝芬浮蕩，則虎丘所無也。

《洞山岕[八]茶系》：岕茶德全，策勛惟歸洗控。沸湯潑葉，即起洗鬲。斂其出液，候湯可下指，即下洗鬲，排蕩沙沫。復起，併指控乾，閉之茶藏候投。蓋他茶欲按時分投，惟岕既經洗控，神理綿綿，止須上投耳。

《天下名勝志》：宜興縣湖㳇鎮，有於潛泉，竇穴闊二尺許，狀如井。其源洑流潛通，味頗甘冽，唐修茶貢，此泉亦遞進。

洞庭縹緲峰西北，有水月寺，寺東入小青塢，有泉瑩澈甘凉，冬夏不涸。宋李彌大名之曰無礙泉。

安吉州，碧玉泉爲冠，清可鑒髮，香可瀹茗。

徐獻忠《水品》：泉甘者，試稱之必厚重，其所由來者遠大使然也。江中南零水，自岷江發源數千里，始澄於兩石間，其性亦厚重，故甘也。

處士《茶經》，不但擇水，其火用炭或勁薪。其炭曾經燔爲腥氣所及，及膏木敗器，不用之。古人辨勞薪之味，殆有旨也。

山深厚者，雄大者，氣盛麗者，必出佳泉。

張大復《梅花筆談》：茶性必發於水，八分之茶遇十分之水，茶亦十分矣。八分之水試十分之茶，茶只八分耳。

《巖棲幽事》：黄山谷賦：『洶洶乎，如澗松之發清吹；浩浩乎，如春空之行白雲。』可謂得煎茶三昧。

《劍掃》：煎茶乃韻事，須人品與茶相得。故其法往往傳於高流隱逸，有煙霞泉石磊塊胸次者。

《湧幢小品》：天下第四泉在上饒縣北茶山寺。唐陸鴻漸寓其地，即山種茶，酌以烹之，品其等爲第四。邑人尚書楊麒讀書於此，因取以爲號。

余在京三年，取汲德勝門外水烹茶，最佳。

大内御用井，亦西山泉脉所灌，真天漢第一品，陸羽所不及載。

俗語『芒種逢壬便入霉』，霉後積水烹茶，甚香冽，可久藏，一交夏至便迴別矣。試之良驗。

家居苦泉水難得，自以意取尋常水煮滚，入大磁缸，置庭中避日色。俟夜天色皎潔，開缸受露，凡三夕，其清澈底。積垢二三寸，亟取出，以罈盛之，烹茶與惠泉無異。

聞龍《它泉記》：吾鄉四陲皆山，泉水在在有之，然皆淡而不甘。獨所謂它泉者，其源出自四明，自洞抵埭不下三數百里。水色蔚藍，素砂白石，粼粼見底。清寒甘滑，甲於郡中。

《玉堂叢[九]語》：黄諫常作《京師泉品》，郊原玉泉第一，京城文華殿大庖井第一。後謫廣州評泉，以鷄爬井爲第一，更名學士泉。

吴栻云：武夷泉出南山者，皆潔冽味短。北山泉味迴別。蓋兩山形似而脉不同也。予携茶具共訪得三十九處，其最下者亦無硬冽氣質。

王新城《隴蜀餘聞》：百花潭有巨石三，水流其中，汲之煎茶，清洌異於他水。

《居易録》：濟源縣段少司空園，是玉川子煎茶處。中有二泉，或曰玉泉，去盤谷不十里；門外一水曰漭水，出王屋山。按《通志》，玉泉在瀧水上，盧仝煎茶於此，今《水經注》不載。

《分甘餘話》：一水，水名也。酈元《水經注·渭水》：『又東會一水，發源吴山。』《地里志》：『吴山，古汧山也，山下石穴，水溢石空，懸波側注。』按此即一水之源，在靈應峰下，所謂『西鎮靈湫』是也。余丙子祭告西鎮，常品茶於此，味與西山玉泉極相似。

《古夫于亭雜録》：唐劉伯芻品水，以中泠爲第一，惠山、虎丘次之。陸羽則以康王谷爲第一，而次以惠山。古今耳食者，遂以爲不易之論。

其實二子所見，不過江南數百里內之水，遠如峽中蝦蟆碚，纔一見耳。不知大江以北如吾郡，發地皆泉，其著名者七十有二。以之烹茶，皆不在惠泉之下。宋李文叔格非，郡人也，嘗作《濟南水記》，與《洛陽名園記》並傳。惜《水記》不存，無以正二子之陋耳。謝在杭品平生所見之水，首濟南趵突，次以益都孝婦泉在顔神鎮、青州范公泉，而尚未見章丘之百脉泉，右皆吾郡之水，二子何嘗多見。予嘗題王秋史苹二十四泉草堂云：『翻憐陸鴻漸，跬步限江東。』正此意也。

陸次雲《**湖壖雜記**》：龍井泉從龍口中瀉出。水在池内，其氣恬然。若遊人注視久之，忽波瀾湧起，如欲雨之狀。

張鵬翮《**奉使日記**》：葱嶺乾澗側有舊二井，從旁掘地七八尺，得水甘冽，可煮茗。字之曰『塞外第一泉』。

《廣輿記》：永平灤州有扶蘇泉，甚甘洌。秦太子扶蘇嘗憩此。

江寧攝山千佛嶺下，石壁上刻隸書六字，曰『白乳泉試茶亭』。

鍾山八功德水，一清，二冷，三香，四柔，五甘，六浄，七不饐，八蠲痾。

丹陽玉乳泉，唐劉伯芻〔一〇〕論此水爲天下第四。

寧州雙井在黄山谷所居之南，汲以造茶，絶勝他處。

杭州孤山下有金沙泉，唐白居易嘗酌此泉，甘美可愛。視其地沙光燦如金，因名。

安陸府沔陽有陸子泉，一名文學泉。唐陸羽嗜茶，得泉以試，故名。

《增訂廣輿記》：玉泉山泉出鏬石間，因鑿石爲螭頭，泉從口出，味極甘美。潴爲池，廣三丈，東跨小石橋，名曰『玉泉垂虹』。

《武夷山志》：山南虎嘯巖語兒泉，濃若停膏，瀉杯中鑒毛髮，味甘而博，啜之有軟順意。次則天柱三敲泉，而茶園喊泉又可伯仲矣。北山泉味迴別。小桃源一泉，高地尺許，汲不可竭，謂之高泉，純遠而逸，致韻雙發，愈啜愈想愈深，不可以味名也。次則接笋之仙掌露，其最下者，亦無硬冽氣質。

《中山傳信録》：琉球烹茶，以茶末雜細粉少許入碗，沸水半甌，用小掃帚攪數十次，起沫滿甌面爲度，以敬客。且有以大螺殼烹茶者。

《隨見録》：安慶府宿松縣東門外孚玉山下福昌寺旁井，曰龍井，水味清甘，瀹茗甚佳，質與溪泉較重。

【注】

［一］聚：底本作『叙』。

〔二〕末：底本誤作『未』。

〔三〕鈔：底本作『抄』。

〔四〕試：底本作『世』。

〔五〕待：底本作『待』。

〔六〕拆：底本作『折』。

〔七〕底本脱『若』字。

〔八〕底本無『岕』字。

〔九〕叢：底本作『茶』。

〔一〇〕芻：底本作『蒭』。

續茶經卷下之二

六之飲

盧仝《茶歌》：日高丈五睡正濃，軍將扣門驚周公。口傳諫議送書信，白絹斜封三道印。開緘宛見諫議面，手閱月團三百片。聞道新年入山裏，蟄蟲驚動春風起。天子未嘗陽羨茶，百草不敢先開花。仁風暗結珠蓓蕾，先春抽出黄金芽。摘鮮焙芳旋封裹，至精至好且不奢。至尊之餘合王公，何事便到山人家！柴門反關無俗客，紗帽籠頭自煎喫。碧雲引風吹不斷，白花浮光凝碗面。一碗喉吻潤；二碗破孤悶；三碗搜枯腸，惟有文字五千卷；四碗發輕汗，平生不平事，盡向毛孔散；五碗肌骨清；六碗通仙靈；七碗喫不得也，唯覺兩腋習習清風生。

唐馮贄《記事珠》：建人謂鬥茶曰茗戰。

《北堂書鈔》：杜育《荈賦》云：茶能調神、和內、解倦、除慵。

《續博物志》：南人好飲茶，孫皓以茶與韋曜代酒，謝安詣陸納，設茶果而已。北人初不識此。唐開元中，泰山靈巖寺有降魔師教學禪者以不寐法，令人多作茶飲，因以成俗。

《大觀茶論》：點茶不一，以分輕清重濁，相稀稠得中，可欲則止。《桐君録》云：『茗有餑，飲之宜人。』雖多不爲貴也。

夫茶以味爲上，香甘重滑爲味之全。惟[二]北苑、壑源之品兼之。卓絶之品，真香靈味，自然不同。

茶有真香，非龍麝可擬。要須蒸及熟而壓之，及乾而研，研細而造，則和美具足。入盞則馨香四達，秋爽洒然。

點茶之色，以純白爲上真，青白爲次，灰白次之，黄白又次之。天時得於上，人力盡於下，茶必純白。青白者，蒸壓微生。灰白者，蒸壓過熟。壓膏不盡則色青暗，焙火太烈則色昏黑。

《蘇文忠集》：予去黄十七年，復與彭城張聖途、丹陽陳輔之同來。院僧梵英葺治堂宇，比舊加嚴潔，茗飲芳冽。予問：『此新茶耶？』英曰：『茶性新舊交則香味復。』予嘗見知琴者言，琴不百年，則桐之生意不盡，緩急清濁與雨暘寒暑相應。此理與茶相近，故并記之。

王燾集《外臺秘要》有《代茶飲子》詩云，格韻高絶，惟山居逸人乃當作之。予嘗依法治服，其利膈調中，信如所云。而其氣味乃一帖煮散耳，與茶了無干涉。

《月兔茶》詩：環非環，玦非玦，中有迷離玉兔兒，一似佳人裙上月。

月圓還缺缺還圓，此月一缺圓何年。君不見，鬥茶公子不忍鬥小團，上有雙銜綬帶雙飛鸞。

坡公嘗遊杭州諸寺，一日，飲釅茶七碗，戲書云：『示病維摩原不病，在家靈運已忘家。何須魏帝一丸藥，且盡盧仝七碗茶。』

《侯鯖録》：東坡論茶：除煩去膩，世固不可一日無茶，然闇中損人不少，故或有忌而不飲者。昔人云，自茗飲盛後，人多患氣、患黄，雖損益相半，而消陰助陽，益不償損也。吾有一法，常自珍之，每食已，輒以濃茶漱口，煩膩既去，而脾胃不知。凡肉之在齒間，得茶漱滌，乃盡消縮，不覺脱去，毋須挑刺也。而齒性便苦，緣此漸堅密，蠹疾自已矣。然率用中茶，其上者亦不常有。間數日一啜，亦不爲害也。此大是有理，而人罕知者，故詳述之。

白玉蟾《茶歌》：味如甘露勝醍醐，服之頓覺沉痾甦。身輕便欲登天衢，不知天上有茶無。

唐庚《鬥茶記》：政和三年三月壬戌，二三君子相與鬥茶於寄傲齋。予爲取龍塘水烹之，而第其品。吾聞茶不問團銙，要之貴新；水不問江井，要之貴活。千里致水，僞固不可知，就令識真，已非活水。今我提瓶走龍塘，無數千步。此水宜茶，昔人以爲不減清遠峽。每歲新茶，不過三月至矣。罪戾之餘，得與諸公從容談笑於此，汲泉煮茗，以取一時之適，此非吾君之力歟！

蔡襄《茶録》：茶色貴白，而餅茶多以珍膏油去聲其面，故有青黄紫黑之異。善别茶者，正如相工之視人氣色也，隱然察之於内，以肉理潤者爲上。既已末之，黄白者受水昏重，青白者受水詳明，故建安人鬥試，以青白勝黃白。

張淏《雲谷雜記》：飲茶不知起於何時。歐陽公《集古録跋》云：『茶之見前史，蓋自魏晋以來有之。』予按《晏子春秋》，嬰相齊景公時，食脱粟之飯，炙三弋[二]、五卵、茗菜而已。又漢王褒《僮約》有『五陽一作武都買茶』之語，則魏晋之前已有之矣。但當時雖知飲茶，未若後世之盛也。考郭璞注《爾雅》云：『樹似梔子，冬生葉可煮作羹飲。』然茶至冬味苦，豈可作羹飲耶？飲之令人少睡，張華得之，以爲異聞，遂載之《博物志》。非但飲茶者鮮，識茶者亦鮮。至唐陸羽著《茶經》三篇，言茶甚備，天下益知飲茶。其後尚茶成風。回紇入朝，始驅馬市茶。德宗建中間，趙贊始興茶税。興元初雖詔罷，貞元九年，張滂復奏請，歲得緡錢四十萬。今乃與鹽酒同佐國用，所入不知幾倍於唐矣。

《**品茶要録**》：余嘗論茶之精絶者，其白合未開，其細如麥，蓋得青陽之輕清者也。又其山多帶砂石，而號佳品者，皆在山南，蓋得朝陽之和者也。余嘗事閑，乘晷景之明净，適亭軒之瀟灑，一一皆取品試。既而神水生於華池，愈甘而新，其有助乎！昔陸羽號爲知茶，然羽之所知者，皆今之所謂茶草。何哉？如鴻漸所論，蒸笋併葉，畏流其膏，蓋草茶味短而淡，故常恐去其膏。建茶力厚而甘，故惟欲去其膏。又論福建爲未詳，往往得之，其味極佳。由是觀之，鴻漸其未至建安歟！

謝宗《**論茶**》：候蟾背之芳香，觀蝦目之沸湧。故細漚花泛，浮餑雲騰，昏俗塵勞，一啜而散。

《**黄山谷集**》：品茶，一人得神，二人得趣，三人得味，六七人是名施茶。

沈存中《夢溪筆談》：芽茶，古人謂之雀舌、麥顆，言其至嫩也。今茶之美者，其質素良，而所植之土又美，則新芽一發，便長寸餘，其細如針。惟芽長爲上品，以其質幹、土力皆有餘故也。如雀舌、麥顆者，極下材耳。乃北人不識，誤爲品題。予山居有《茶論》，且作《嘗茶》詩云：『誰把嫩香名雀舌，定來北客未曾嘗。不知靈草天然異，一夜風吹一寸長。』

《遵生八箋》：茶有真香，有佳味，有正色。烹點之際，不宜以珍果香草雜之。奪其香者，松子、柑橙、蓮心、木瓜、梅花、茉莉、薔薇、木樨之類是也。奪其色者，柿餅、膠棗、火桃、楊梅、橘餅之類是也。凡飲佳茶，去果方覺清絶，雜之則味無辨矣。若欲用之，所宜則惟核桃、榛子、瓜仁、杏仁、欖仁、栗子、鷄頭、銀杏之類，或可用也。

徐渭《煎茶七類》：茶入口，先須灌漱，次復徐啜，俟甘津潮舌，乃得真味。若雜以花果，則香味俱奪矣。

飲茶，宜凉臺静室，明窗曲几，僧寮道院，松風竹月，晏坐行吟，清談把卷。

飲茶，宜翰卿墨客，緇衣羽士，逸老散人，或軒冕中之超軼世味者。

除煩雪滯，滌醒破睡，譚渴書倦，是時茗碗策勛，不減凌煙。

許次杼《茶疏》：握茶手中，俟湯入壺，隨手投茶，定其浮沉，然後瀉啜，則乳嫩清滑，而馥郁於鼻端。病可令起，疲可令爽。

一壺之茶，只堪再巡。初巡鮮美，再巡甘醇，三巡則意味盡矣。余嘗與客戲論，初巡爲『婷婷裊裊十三餘』，再巡爲『碧玉破瓜年』，三巡以來，『緑葉成陰』矣。所以茶注宜小，小則再巡已終，寧使餘芬剩馥尚留葉中，猶堪飯後供啜嗽之用。

人必各手一甌，毋勞傳送。再巡之後，清水滌之。

若巨器屢巡，滿中瀉飲，待停少温，或求濃苦，何異農匠作勞但資口腹，何論品賞，何知風味乎？

《煮泉小品》：唐人以對花啜茶爲殺風景，故王介甫詩云『金谷千花莫漫煎』。其意在花，非在茶也。余意以爲金谷花前，信不宜矣；若把一甌對山花啜之，當更助風景，又何必羔兒酒也。

茶如佳人，此論最妙，但恐不宜山林間耳。昔蘇東坡詩云『從來佳茗似佳人』，曾茶山詩云『移人尤物衆談誇』，是也。

若欲稱之山林，當如毛女、麻姑，自然仙風[三]道骨，不浼煙霞。若夫桃臉柳腰，亟宜屏諸銷金帳中，毋令污我泉石。茶之團者、片者，皆出於碾磑之末，既損真味，復加油垢，即非佳品。總不若今之芽茶也，蓋天然者自勝耳。曾茶山《日鑄茶》詩云『寶銙自不乏，山芽安可無』；蘇子瞻《壑源試焙新茶》詩云『要知玉雪心腸好，不是膏油首面新』，是也。且末茶瀹之有屑，滯而不爽，知味者當自辨之。

煮茶得宜而飲非其人，猶汲乳泉而灌蒿蕕，罪莫大焉。飲之者一吸而盡，不暇辨味，俗莫甚焉。

人有以梅花、菊花、茉莉花薦茶者，雖風韻可賞，究損茶味。如品佳茶，亦無事此。今人薦茶，類下茶果，此尤近俗。是縱佳者能損茶味，亦宜去之。且下果則必用匙，若金銀，大非山居之器，而銅又生鉎，皆不可也。若舊稱北人和以酥酪，蜀人入以白土，此皆蠻飲，固不足責。

羅廩《茶解》：茶通仙靈，然有妙理。

山堂夜坐，汲泉煮茗，至水火相戰，如聽松濤，傾瀉入杯，雲光瀲灧。

此時幽趣，故難與俗人言矣。

顧元慶《**茶譜**》：品茶八要：一品，二泉，三烹，四器，五試，六候，七侶，八勛。

張源《**茶録**》：飲茶，以客少爲貴，衆則喧，喧則雅趣乏矣。獨啜曰幽，二客曰勝，三四曰趣，五六曰泛，七八曰施。釃不宜早，飲不宜遲。釃早則茶神未發，飲遲則妙馥先消。

《**雲林遺事**》：倪元鎮素好飲茶，在惠山中，用核桃、松子肉和真粉成小塊如石狀，置於茶中飲之，名曰『清泉白石茶』。

聞龍《**茶箋**》：東坡云：『蔡君謨嗜茶，老病不能飲，日烹而玩之，可發來者之一笑也。』孰知千載之下有同病焉。余嘗有詩云：『年老耽彌甚，脾寒量不勝。』去烹而玩之者幾希矣。因憶老友周文甫，自少至老，茗碗薰爐，無時暫廢。飲茶日有定期：旦明、晏食、禺中、晡時、下舂、黄昏，凡六舉，而客至烹點不與焉。壽八十五，無疾而卒，非宿植清福，烏能畢世安享？視好而不能飲者，所得不既多乎！嘗蓄一龔春壺，摩挲寶玩，不啻掌珠。用之既久，外類紫玉，内如碧雲，真奇物也，後以殉葬。

《快雪堂漫録》：昨同徐茂吴至老龍井買茶，山民十數家，各出茶。茂吴以次點試，皆以爲贋，曰：真者甘香而不冽，稍冽便爲諸山贋品。得一二兩以爲真物試之，果甘香若蘭。而山民及寺僧反以茂吴爲非，吾亦不能置辨。僞物亂真如此。茂吴品茶，以虎丘爲第一，常用銀一兩餘購其斤許。寺僧以茂吴精鑒，不敢相欺。他人所得雖厚價，亦贋物也。子晋云：本山茶葉微帶黑，不甚青翠。點之色白如玉，而作寒荳香，宋人呼爲白雲茶。稍緑便爲天池物。天池茶中雜數莖虎丘，則香味迥别。虎丘，其茶中王種耶！岕茶精者，庶幾妃后；天池、龍井，便爲臣種，其餘則民種矣。

熊明遇《岕山茶記》：茶之色重、味重、香重者，俱非上品。松蘿香重；六安味苦，而香與松蘿同；天池亦有草萊氣，龍井如之。至雲霧則色重而味濃矣。嘗啜虎丘茶，色白而香似嬰兒肉，真稱精絶。

邢士襄《茶説》：夫茶中着料，碗中着果，譬如玉貌加脂，蛾眉染黛，翻累本色矣。

馮可賓《岕茶箋》：茶宜無事、佳客、幽坐、吟咏、揮翰、徜徉、睡起、宿酲、清供、精舍、會心、賞鑒、文僮。茶忌不如法、惡具、主客不韻、冠裳苛禮、葷肴雜陳、忙冗、壁間案頭多惡趣。

謝在杭《五雜組》：昔人謂：『揚子江心水，蒙山頂上茶。』蒙山在蜀雅州，其中峰頂尤極險穢，虎狼蛇虺所居，採得其茶，可蠲百病。今山東人以蒙陰山下石衣爲茶當之，非矣。然蒙陰茶性亦冷，可治胃熱之病。

凡花之奇香者，皆可點湯。《遵生八箋》云：『芙蓉可爲湯。』然今牡丹、薔薇、玫瑰、桂、菊之屬，採以爲湯，亦覺清遠不俗，但不若茗之易致耳。

北方柳芽初茁者，採之入湯，云其味勝茶。曲阜孔林楷木，其芽可以烹飲。閩中佛手柑、橄欖爲湯，飲之清香，色味亦旗槍之亞也。又或以菉豆微炒，投沸湯中，傾之，其色正緑，香味亦不減新茗。偶宿荒村中覓茗不得者，可以此代也。

《穀山筆麈》：六朝時，北人猶不飲茶，至以酪與之較，惟江南人食之甘。至唐始興茶稅。宋元以來，茶目遂多，然皆蒸乾爲末，如今香餅之製，乃以入貢，非如今之食茶，止採而烹之也。西北飲茶，不知起於何時。本朝以茶易馬，西北以茶爲藥，療百病皆瘥，此亦前代所未有也。

《金陵瑣事》：思屯，乾道人，見萬磁手軟膝酸，云：『係五藏皆火，不必服藥，惟武夷茶能解之。』茶以東南枝者佳，採得烹以澗泉，則茶竪立，若以井水即橫。

《六研齋筆記》：茶以芳洌洗神，非讀書談道，不宜褻用。然非真正契道之士，茶之韻味，亦未易評量。嘗笑時流持論，貴嘶聲之曲，無色之茶。嘶近於啞，古之繞梁遏雲，竟成鈍置。茶若無色，芳洌必減，且芳與鼻觸，洌以舌受，色之有無，目之所審。根境不相攝，而取衷於彼，何其悖也！何其謬耶！

虎丘以有芳無色，擅茗事之品。顧其馥郁不勝蘭芷，與新剥荳花同調，鼻之消受，亦無幾何。至於入口，淡於勺水，清冷之淵，何地不有，乃煩有司章程，作僧流棰楚哉？

《紫桃軒雜綴》：天目清而不醨，苦而不螫，正堪與緇流漱滌。筍蕨、石瀨則太寒儉，野人之飲耳。松蘿極精者方堪入供，亦濃辣有餘，甘芳不足，恰如多財賈人，縱復蘊藉，不免作蒜酪氣。分水貢芽，出本不多。大葉老根，潑之不動，入水煎成，番有奇味。薦此茗時，如得千年松柏根作石鼎薰燎，乃足稱其老氣。

『鷄蘇佛』『橄欖仙』，宋人咏茶語也。鷄蘇即薄荷，上口芳辣。橄欖久咀回甘。合此二者，庶得茶蘊，曰仙，曰佛，當於空玄虛寂中，嘿嘿證入。不具是舌根者，終難與説也。

賞名花不宜更度曲，烹精茗不必更焚香，恐耳目口鼻互牽，不得全領其妙也。

精茶不宜潑飯，更不宜沃醉。以醉則燥渴，將滅裂吾上味耳。精茶豈止當爲俗客吝？倘是日汩汩[四]塵務，無好意緒，即烹就，寧俟冷而灌蘭，斷不令俗腸污吾茗君也。

羅山廟後岕精者，亦芬芳回甘。但嫌稍濃，乏雲露清空之韻。以兄虎丘則有餘，以父龍井則不足。

天地通俗之才，無遠韻，亦不致嘔噦寒月。諸茶晦黯無色，而彼獨翠緑媚人，可念也。

屠赤水云：茶於穀雨候、晴明日採製者，能治痰嗽、療百疾。

《類林新咏》：顧彥先曰：『有味如臛，飲而不醉；無味如茶，飲而醒焉。』醉人何用也。

徐文長《秘集·致品》：茶宜精舍，宜雲林，宜磁瓶，宜竹竈，宜幽人雅士，宜衲子仙朋，宜永晝清談，宜寒宵兀坐，宜松月下，宜花鳥間，宜清流白石，宜綠蘚蒼苔，宜素手汲泉，宜紅妝掃雪，宜船頭吹火，宜竹裏飄煙。

《芸窗清玩》：茅一相云：余性不能飲酒，而獨耽味於茗。清泉白石可以濯五臟之污，可以澄心氣之哲。服之不已，覺兩腋習習，清風自生。吾讀《醉鄉記》，未嘗不神遊焉。而間與陸鴻漸、蔡君謨上下其議，則又爽然自釋矣。

《三才藻異》：雷鳴茶產蒙山頂，雷發收之，服三兩換骨，四兩爲地仙。

《聞雁齋筆記》：趙長白自言：『吾生平無他幸，但不曾飲井水耳。』此老於茶，可謂能盡其性者。今亦老矣，甚窮，大都不能如曩時，猶摩挲萬卷中，作《茶史》，故是天壤間多情人也。

袁宏道《瓶花史》：賞花，茗賞者上也，譚賞者次也，酒賞者下也。

《茶譜》：《博物志》云：『飲真茶，令人少眠。』此是實事，但茶佳乃效，且須末茶飲之。如葉煮者，不效也。

《太平清話》：琉球國亦曉[五]烹茶。設古鼎於几上，水將沸時投茶末一匙，以湯沃之。少頃奉飲，味甚清香。

《藜床瀋餘》：長安婦女有好事者，曾侯家睹彩箋曰：一輪初滿，萬户皆清。若乃狎處衾幃，不惟辜負蟾光，竊恐嫦娥生妒。涓於十五、十六二宵，聯女伴同志者，一茗一爐，相從卜夜，名曰『伴嫦娥』。凡有冰心，竚垂玉允。朱門龍氏拜啓。陸濬原。

沈周《跋茶録》：樵海先生，真隱君子也。平日不知朱門爲何物，日偃仰於青山白雲堆中，以一瓢消磨半生。蓋實得品茶三昧，可以羽翼桑苧翁之所不及，即謂先生爲茶中董狐可也。

王晫《快説續記》：春日看花，郊行一二里許，足力小疲，口亦少渴。忽逢解事僧邀至精舍，未通姓名，便進佳茗，踞竹床連啜數甌，然後言别，不亦快哉！

衛泳《枕中秘》：讀罷飲餘，竹外茶煙輕颺；花深酒後，鐺中聲響初浮。個中風味誰知，盧居士可與言者；心下快活自省，黄宜州豈欺我哉？

江之蘭《文房約》：詩書涵聖脉，草木栖神明。一草一木，當其含香吐艷，倚檻臨窗，真足賞心悦目，助我幽思。亟宜烹蒙頂石花，悠然啜飲。扶輿沆瀣，往來於奇峰怪石間，結成佳茗。故幽人逸士，紗帽籠頭，自煎自喫。車聲羊腸，無非火候，苟飲不盡且漱棄之，是又呼陸羽爲茶博士之流也。

高士奇《天禄識餘》：飲茶或云始於梁天監中，見《洛陽伽藍記》，非也。按《吴志·韋曜傳》：『孫皓每宴饗，無不竟日，曜不能飲，密賜茶荈以當酒。』如此言，則三國時已知飲茶矣。逮唐中世，榷茶遂與煮海相抗，迄今國計賴之。

《中山傳信録》：琉球茶甌頗大，斟茶止二三分，用果一小塊貯匙内。此學中國獻茶法也。[六]

王復禮《茶説》：花晨月夕，賢主嘉賓，縱談古今，品茶次第，天壤間更有何樂？奚俟膾鯉炰羔，金罍玉液，痛飲狂呼，始爲得意也？范文正公云：『露芽錯落一番榮，綴玉含珠散嘉樹。鬥茶味兮輕醍醐，鬥茶香兮薄蘭芷。』沈心齋云：『香含玉女峰頭露，潤帶珠簾洞口雲。』可稱巖茗知己。

陳鑑《虎丘茶經注補》：鑑親採數嫩葉與茶侣湯愚公小焙烹之，真作荳花香。昔之鬻虎丘茶者，盡天池也。

陳鼎《滇黔紀遊》：貴州羅漢洞，深十餘里，中有泉一泓，其色如黝。甘香清冽。煮茗則色如渥丹，飲之脣齒皆赤，七日乃復。

《瑞草論》云：茶之爲用，味寒。若熱渴、凝悶胸、目澀、四肢煩、百節不舒，聊四五啜，與醍醐甘露抗衡也。

《本草拾遺》：茗味苦微寒，無毒，治五臟邪氣，益意思，令人少卧，能輕身、明目、去痰、消渴、利水道。

蜀雅州名山茶有露鋑芽、籛芽，皆云火之前者，言採造於禁火之前也。火後者次之。又有枳殼芽、枸杞芽、枇杷芽，皆治風疾。又有皂莢芽、槐芽、柳芽，乃上春摘其芽，和茶作之。故今南人輸官茶，往往雜以衆葉，惟茅蘆、竹箬之類，不可以入茶。自餘山中草木、芽葉，皆可和合，而椿、柿葉尤奇。真茶性極冷，惟雅州蒙頂出者，温而主療疾。

李時珍《本草》：服葳靈仙、土茯苓者，忌飲茶。

《群芳譜》：療治方：氣虛、頭痛，用上春茶末，調成膏，置瓦盞内覆轉，以巴荳四十粒，作一次燒，煙燻之，曬乾乳細，每服一匙。别入好茶末，食後煎服，立效。又赤白痢下，以好茶一斤，炙搗爲末，濃煎一二盞，服久痢亦宜。又二便不通，好茶、生芝麻各一撮，細嚼，滚水衝下，即通。屢試立效。如嚼不及，擂爛滚水送下。

《隨見録》：《蘇文忠集》載，憲宗賜馬總治泄痢腹痛方：以生薑和皮切碎如粟米，用一大錢并草茶相等煎服。元祐二年，文潞公得此疾，百藥不效，服此方而愈。

【注】

〔一〕底本無『惟』字。

〔二〕弋：底本作『戈』。

〔三〕風：底本作『手』。

〔四〕汩汩：底本作『汨汨』。

〔五〕曉：底本作『時』。

〔六〕此段文字底本缺。

續茶經卷下之三

七之事

《晉書》：温嶠表遣取供御之調，條列真上茶千斤，茗三百大薄。

《洛陽伽藍記》：王肅初入魏，不食羊肉及酪漿等物，常飯鯽魚羹，渴飲茗汁。京師士子道肅一飲一斗，號爲漏卮。後數年，高祖見其食羊肉酪粥甚多，謂肅曰：『羊肉何如魚羹？茗飲何如酪漿？』肅對曰：『羊者是陸産之最，魚者乃水族之長，所好不同，並各稱珍，以味言之，甚是優劣。羊比齊魯大邦，魚比邾莒小國，唯茗不中，與酪作奴。』高祖大笑。彭城王勰謂肅曰：『卿不重齊魯大邦，而愛邾莒小國，何也？』肅對曰：『鄉曲所美，不得不好。』彭城王復謂曰：『卿明日顧我，爲卿設邾莒之食，亦有酪奴。』因此呼茗飲爲酪奴。時給事中劉縞慕肅之風，專習茗飲。彭城王謂縞曰：『卿不慕王侯八珍，而好蒼頭水厄。海上有逐臭之夫，里內有學顰之婦，以卿言之，即是也。』蓋彭城王家有吴奴，故以此言戲之。後梁武帝子西豐侯蕭正德歸降，時元乂欲爲設茗，先問：『卿於水厄多少？』正德不曉乂意，答曰：『下官生於水鄉，而立身以來未遭陽侯之難。』元乂與舉座之客皆笑焉。

《海録碎事》：晋司徒長史王濛，字仲祖，好飲茶，客至輒飲之。士大夫甚以爲苦，每欲候濛，必云：『今日有水厄。』

《續搜神記》：桓宣武有一督將，因時行病後虛熱，更能飲複茗，一斛二斗乃飽，纔減升合，便以爲不足，非復一日。家貧，後有客造之，正遇其飲複茗，亦先聞世有此病，仍令更進五升，乃大吐，有一物出如升大，有口，形質縮縐，狀似牛肚。客乃令置之於盆中，以一斛二斗複澆之，此物噏之都盡，而止覺小脹。又增五升，便悉混然從口中湧出。既吐此物，其病遂瘥，或問之：『此何病？』客答曰：『此病名斛二瘕。』

《潛確類書》：進士權紓文云：『隋文帝微時，夢神人易其腦骨，自爾腦痛不止。後遇一僧曰：「山中有茗草，煮而飲之當愈。」帝服之有效，由是人競採啜。因爲之贊。其略曰：「窮《春秋》，演河圖，不如載茗一車。」』

《唐書》：太和七年，罷吴蜀冬貢茶。太和九年，王涯獻茶，以涯爲榷茶使，茶之有税自涯始。十二月，諸道鹽鐵轉運榷茶使令狐楚奏：『榷茶不便於民』從之。

陸龜蒙嗜茶，置園顧渚山下，歲取租茶，自判品第。張又新爲《水説》七種，其二惠山泉，三虎丘井，六淞江水。人助其好者，雖百里爲致之。

日登舟設篷[一]席，賫束書、茶竈、筆床、釣具往來。江湖間俗人造門，罕覯其面。時謂江湖散人，或號天隨子、甫里先生，自比涪翁、漁父、江上丈人。後以高士徵，不至。

《國史補》：故老云，五十年前多患熱黄。坊曲有專以烙黄爲業者。灞滻諸水中，常有晝坐至暮者，謂之浸黄。近代悉無，而病腰脚者多，乃飲茶所致也。

韓晋公滉聞奉天之難，以夾練囊盛茶末，遣健步以進。

黨魯使西番，烹茶帳中，番使問：『何爲者？』魯曰：『滌煩消渴，所謂茶也。』番使曰：『我亦有之。』命取出以示曰：『此壽州者，此顧渚者，此蘄門者。』

唐趙璘《因話録》：陸羽有文學，多奇思，無一物不盡其妙，茶術最著。始造煎茶法，至今鬻茶之家，陶其像，置煬突間，祀爲茶神，云宜茶足利。鞏縣爲瓷偶人，號『陸鴻漸』，買十茶器得一鴻漸，市人沽茗不利，輒灌注之。復州一老僧是陸僧弟子，常誦其《六羡歌》，且有《追感陸僧》詩。

唐吴晦《摭言》：鄭光業策試，夜有同人突入，吴語曰：『必先必先，可相容否？』光業爲輟半鋪之地。其人曰：『仗取一杓水，更托煎一碗茶。』光業欣然爲取水、煎茶。居二日，光業狀元及第，其人啓謝曰：『既煩取水，更便煎茶。當時不識貴人，凡夫肉眼；今日俄爲後進，窮相骨頭。』

唐李義山《雜纂》：富貴相：擣藥碾茶聲。

唐馮贄《煙花記》：建陽進茶油花子餅，大小形製各別，極可愛。宫嬪縷金於面，皆以淡妝，以此花餅施於鬢上，時號北苑妝。

唐《玉泉子》：崔蠡知制誥丁太夫人憂，居東都里第時，尚苦節嗇，四方寄遺茶藥而已，不納金帛，不異寒素。

《顏魯公帖》：廿九日南寺通師設茶會，咸來静坐，離諸煩惱，亦非無益。足下此意，語虞十一，不可自外耳。顏真卿頓首頓首。

《開元遺事》：逸人王休居太白山下，日與僧道異人往還。每至冬時，取溪冰敲其晶瑩者煮建茗，共賓客飲之。

《李鄴侯家傳》：皇孫奉節王好詩，初煎茶加酥椒之類，遺泌求詩，泌戲賦云：『旋沫翻成碧玉池，添酥散出琉璃眼。』奉節王即德宗也。

《中朝故事》：有人授舒州牧，贊皇公德裕謂之曰：『到彼郡日，天柱峰茶可惠數角。』其人獻數十斤，李不受。明年罷郡，用意精求，獲數角投之。李閲而受之曰：『此茶可以消酒食毒。』乃命烹一甌，沃於肉食內，以銀合閉之。詰旦視其肉，已化爲水矣。衆服其廣識。

段公路《北户録》：前朝短書雜説，呼茗爲薄，爲夾。又，梁《科律》有薄茗、千夾云云。

唐蘇鶚《杜陽雜編》：唐德宗每賜同昌公主饌，其茶有緑華、紫英之號。

《鳳翔退耕傳》：元和時，館閣湯飲待學士者，煎麒麟草。

温庭筠《採茶録》：李約字存博，汧公子也。一生不近粉黛，雅度簡遠，有山林之致。性嗜茶，能自煎，嘗謂人曰：『當使湯無妄沸，庶可養茶。始則魚目散布，微微有聲；中則四際泉湧，纍纍若貫珠；終則騰波鼓浪，水氣全消，此謂老湯三沸之法，非活火不能成也。』客至不限甌數，竟日爇火，執持茶器弗倦。曾奉使行至陝州硤石縣東，愛其渠水清流，旬日忘發。

《南部新書》：杜豳公悰，位極人臣，富貴無比。嘗與同列言平生不稱意有三，其一爲澧州刺史，其二貶司農卿，其三自西川移鎮廣陵，舟次瞿塘，爲駭浪所驚，左右呼喚不至，渴甚，自潑湯茶喫也。

大中三年，東都進一僧，年一百二十歲。宣皇問服何藥而致此，僧對曰：『臣少也賤，不知藥。性本好茶，至處惟茶是求。或出日過百餘碗，如常日亦不下四五十碗。』因賜茶五十斤，令居保壽寺，名飲茶所曰茶寮。

有胡生者，失其名，以釘鉸爲業。居溪而近白蘋洲。去厥居十餘步有古墳，胡生每瀹茗必奠酹之。嘗夢一人謂之曰：『吾柳姓，平生善爲詩而嗜茗。及死，葬室在子今居之側，常銜子之惠，無以爲報，欲教子爲詩。』胡生辭以不能，柳强之曰：『但率子意[二]言之，當有致矣。』既寤，試搆思，果若有冥助者。厥後遂工焉，時人謂之『胡釘鉸詩』。柳當是柳惲也。又一說。列子終於鄭，今墓在郊藪，謂賢者之迹，而或禁其樵牧焉。里有胡生者，性落魄。家貧，少爲洗鏡、鎪釘之業。遇有甘果名茶美醞，輒祭於列御寇之祠壟，以求聰慧而思學道。歷稔，忽夢一人，取刀劃其腹，以一卷書置於心腑。及覺，而吟咏之意，皆工美之詞，所得不由於師友也。既成卷軸，尚不棄於猥賤之業，真隱者之風。遠近號爲『胡釘鉸』云。

張又新《煎茶水記》：代宗朝，李季卿刺湖州，至維揚逢陸處士鴻漸。李素熟陸名，有傾蓋之歡，因之赴郡。泊揚子驛，將食，李曰：『陸君善於茶，蓋天下聞名矣。况揚子南零水又殊絶。今者二妙，千載一遇，何曠之乎？』命軍士謹信者操舟挈瓶，深詣南零。陸利器以俟之。俄水至，陸以杓揚其水曰：『江則江矣，非南零者，似臨岸之水。』使曰：『某操舟深入，見者累百，敢虚紿乎？』陸不言，既而傾諸盆，至半，陸遽止之，又以杓揚之曰：『自此南零者矣。』使蹶然大駭，伏罪曰：『某自南零齎至岸，舟蕩覆半，至懼其尠，挹岸水增之，處士之鑒，神鑒也，其敢隱乎！』李與賓從數十人皆大駭愕。

《茶經》本傳：羽嗜茶，著《經》三篇。時鬻茶者，至陶羽形置煬突間，祀爲茶神。有常伯熊者，因羽論，復廣著茶之功。御史大夫李季卿宣慰江南，次臨淮，知伯熊善煮茗，召之。伯熊執器前，季卿爲再舉杯。其後尚茶成風。

《金鑾密記》：金鑾故例，翰林當直學士，春晚人困，則日賜成象殿茶果。

《梅妃傳》：唐明皇與梅妃鬥茶，顧諸王戲曰：『此梅精也，吹白玉笛，作驚鴻舞，一座光輝，鬥茶今又勝吾矣。』妃應聲曰：『草木之戲，誤勝陛下。設使調和四海，烹飪鼎鼐，萬乘自有憲法，賤妾何能較勝負也。』

上大悅。

杜鴻漸《送茶與楊祭酒書》：顧渚山中紫笋茶兩片，一片上太夫人，一片充昆弟同歠，此物但恨帝未得嘗，實所嘆息。

《白孔六帖》：壽州刺史張鎰，以餉錢百萬遺陸宣公贄。公不受，止受茶一串，曰：『敢不承公之賜。』

《海録碎事》：鄧利云：『陸羽，茶既爲癖，酒亦稱狂。』

《侯鯖録》：唐右補闕綦毋煚音英，博學有著述才，性不飲茶，嘗著《伐茶飲序》，其略曰：『釋滯消壅，一日之利暫佳；瘠氣耗精，終身之累斯大。獲益則歸功茶力，貽患則不咎茶災。豈非爲福近易知，爲禍遠難見歟？』煚在集賢，無何以熱疾暴終。

《苕溪漁隱叢話》：義興貢茶非舊也。李栖筠典是邦，僧有獻佳茗，陸羽以爲冠於他境，可薦於上。栖筠從之，始進萬兩。

《合璧事類》：唐肅宗賜張志和奴婢各一人，志和配爲夫婦，號漁童、樵青。漁童捧釣收綸，蘆中鼓枻；樵青蘇蘭薪桂，竹裏煎茶。

《萬花谷》：《顧渚山茶記》云：『山有鳥如鴝鵒而小，蒼黃色，每至正二月作聲云「春起也」，至三四月作聲云「春去也」。採茶人呼爲報春鳥。』

董逌《陸羽點茶圖跋》：竟陵大師積公嗜茶久，非漸兒煎奉不向口。羽出遊江湖四五載，師絕於茶味。代宗召師入內供奉，命宫人善茶者烹以餉，師一啜而罷。帝疑其詐，令人私訪，得羽召入。翌日，賜師齋，密令羽煎茗遺之，師捧甌喜動顔色，且賞且啜，一舉而盡。上使問之，師曰：『此茶有似漸兒所爲者。』帝由是嘆師知茶，出羽見之。

《蠻甌志》：白樂天方齋，劉禹錫正病酒，乃以菊苗齏、蘆菔鮓饋樂天，換取六斑茶以醒酒。

《**詩話**》：皮光業，字文通，最耽茗飲。中表請嘗新柑，筵具甚豐，簪紱叢集。纔至，未顧尊罍，而呼茶甚急，徑進一巨觥，題詩曰：『未見甘心氏，先迎苦口師。』衆噱云：『此師固清高，難以療飢也。』

《**太平清話**》：盧仝自號癖王，陸龜蒙自號怪魁。

《**潛確類書**》：唐錢起，字仲文，與趙莒爲茶宴，又嘗過長孫宅，與朗上人作茶會，俱有詩紀事。

《**湘煙録**》：閔康侯曰：『羽著《茶經》，爲李季卿所慢，更著《毁茶論》。其名疾，字季疵者，言爲季所疵也。事詳傳中。』

《**吴興掌故録**》：長興啄木嶺，唐時吴興、毗陵二太守造茶修貢，會宴於此。上有境會亭，故白居易有《夜聞賈常州崔湖州茶山境會歡宴》詩。

包衡《清賞録》：唐文宗謂左右曰：『若不甲夜視事，乙夜觀書，何以爲君？』嘗召學士於内庭，論講經史，較量文章，宫人以下侍茶湯飲饌。

《名勝志》：唐陸羽宅在上饒縣東五里。羽本竟陵人，初隱吴興苕溪，自號桑苧翁，後寓新城時，又號東岡子。刺史姚驥嘗詣其宅，鑿沼爲溟渤之狀，積石爲嵩華之形。後隱士沈洪喬葺而居之。

《饒州志》：陸羽茶竈在餘干縣冠山右峰。羽嘗品越溪水爲天下第二，故思居禪寺，鑿石爲竈，汲泉煮茶。曰丹爐，晋張氲作。元大德時總管常福生，從方士搜爐下，得藥二粒，盛以金盒，及歸開視，失之。

《續博物志》：物有異體而相制者，翡翠屑金，人氣粉犀，北人以針敲冰，南人以綫解茶。

《太平山川記》：茶葉寮，五代時于履居之。

《類林》：五代時，魯公和凝，字成績，在朝率同列，遞日以茶相飲，味劣者有罰，號爲湯社。

《浪樓雜記》：天成四年，度支奏：朝臣乞假省覲者，欲量賜茶藥，文班自左右常侍至侍郎，宜各賜蜀茶三斤，蠟面茶二斤，武班官各有差。

馬令《南唐書》：豐城毛炳好學，家貧不能自給，入廬山與諸生留講，獲鏹即市酒盡醉。時彭會好茶而炳好酒，時人爲之語曰：『彭生作賦茶三片，毛氏傳詩酒半升。』

《十國春秋·楚王馬殷世家》：開平二年六月，判官高郁請聽民售茶北客，收其徵以贍軍，從之。秋七月，王奏運茶河之南北，以易繒纊、戰馬，仍歲貢茶二十五萬斤，詔可。由是屬内民得自摘山造茶而收其算，歲入萬計。高另置邸閣居茗，號曰八床主人。

《荆南列傳》：文了，吴僧也，雅善烹茗，擅絶一時。武信王時來遊荆南，延住紫雲禪院，日試其藝，王大加欣賞，呼爲湯神，奏授華亭水大師。人皆目爲乳妖。

《談苑》：茶之精者北苑，名白乳頭。江左有金蠟面。李氏別命取其乳作片，或號曰『京挺』『的乳』二十餘品。又有研膏茶，即龍品也。

釋文瑩《玉壺清話》：黄夷簡雅有詩名，在錢忠懿王俶幕中，陪樽俎二十年。開寶初，太祖賜俶『開吴鎮越崇文耀武功臣制誥』。俶遣夷簡入謝於朝，歸而稱疾，於安溪別業保身潛遁。著《山居》詩，有『宿雨一番蔬甲嫩，春山幾焙茗旗香』之句。雅喜治宅，咸平中，歸朝爲光禄寺少卿，後以壽終焉。

《五雜俎》：建人喜鬥茶，故稱茗戰。錢氏子弟取霅上瓜，各言其中子之的數，剖之以觀勝負，謂之瓜戰。然茗猶堪戰，瓜則俗矣。

《潛確類書》：僞閩甘露堂前，有茶樹兩株，鬱茂婆娑，宮人呼爲清人樹。每春初，嬪嬙戲於其下，採摘新芽，於堂中設傾筐會。

《宋史》：紹興四年初，命四川宣撫司支茶博馬。

舊賜大臣茶有龍鳳飾，明德太后曰：『此豈人臣可得。』命有司別製入香京挺以賜之。

《宋史·職官志》：茶庫掌茶，江、浙、荆、湖、建、劍茶茗，以給翰林諸司賞賚出鬻。

《宋史·錢俶傳》：太平興國三年，宴俶長春殿，令劉鋹、李煜預坐。俶貢茶十萬斤，建茶萬斤，及銀絹等物。

《甲申雜記》：仁宗朝，春試進士集英殿，后妃御太清樓觀之。慈聖光獻出餅角以賜進士，出七寶茶以賜考官。

《玉海》：宋仁宗天聖三年，幸南御莊觀刈麥，遂幸玉津園，燕群臣，聞民舍機杼，賜織婦茶彩。

陶穀《清異録》：有得建州茶膏，取作耐重兒八枚，膠以金縷，獻於閩王曦，遇通文之禍，爲内侍所盜，轉遺貴人。

苻昭遠不喜茶，嘗爲同列御史會茶，嘆曰：『此物面目嚴冷，了無和美之態，可謂冷面草也。』

孫樵《送茶與焦刑部書》云：『晚甘侯十五人遣侍齋閣。此徒皆乘雷而摘，拜水而和，蓋建陽丹山碧水之鄉，月澗雲龕之品，慎勿賤用之。』

湯悦有《森伯頌》，蓋名茶也。方飲而森然嚴乎齒牙，既久而四肢森然，二義一名，非熟乎湯甌境界者誰能目之？

吴僧梵川，誓願燃頂供養雙林傳大士，自往蒙頂山上結庵種茶，凡三年，味方全美。得絶佳者曰『聖楊花』『吉祥蕊』，共不逾五斤，持歸供獻。

宣城何子華邀客於剖金堂，酒半，出嘉陽嚴峻所畫陸羽像懸之，子華因言：『前代惑駿逸者爲馬癖，泥貫索者爲錢癖，愛子者有譽兒癖，耽書者有《左傳》癖，若此叟溺於茗事，何以名其癖？』楊粹仲曰：『茶雖珍，未離草也，宜追目陸氏爲甘草癖。』一座稱佳。

《類苑》：學士陶穀得党太尉家姬，取雪水烹團茶以飲，謂姬曰：『党家應不識此？』姬曰：『彼粗人安得有此，但能於銷金帳中淺斟低唱，飲羊膏兒酒耳。』陶深愧其言。

胡嶠《飛龍澗飲茶》詩云：『沾牙舊姓餘甘氏，破睡當封不夜侯。』陶穀愛其新奇，令猶子彝和之。彝應聲云：『生凉好唤鷄蘇佛，回味宜稱橄欖仙。』彝時年十二，亦文詞之有基址者也。

《延福宮曲宴記》：宣和二年十二月癸巳，召宰執親王學士曲宴於延福宮，命近侍取茶具，親手注湯擊拂。少頃，白乳浮盞面，如疏星淡月，顧諸臣曰：『此自烹茶。』飲畢，皆頓首謝。

《宋朝紀事》：洪邁選成《唐詩萬首絶句》，表進，壽皇宣諭：『閣學選擇甚精，備見博洽，賜茶一百銙[三]，清馥香一十貼，薰香二十貼，金器一百兩。』

《乾淳歲時記》：仲春上旬，福建漕司進第一綱茶，名『北苑試新』，方寸小銙，進御止百銙，護以黃羅軟盝，藉以青箬，裹以黃羅，夾複臣封朱印，外用朱漆小匣鍍金鎖，又以細竹絲織笈貯之，凡數重。此乃雀舌水芽，所造一銙之值四十萬，僅可供數甌之啜爾。或以一二賜外邸，則以生綫分解轉遺，好事以爲奇玩。

《南渡典儀》：車駕幸學，講書官講訖，御藥傳旨宣坐賜茶。凡駕出，儀衛有茶酒班殿侍兩行，各三十一人。

《司馬光日記》：初除學士待詔李堯卿宣召稱：『有敕。』口宣畢，再拜，升階，與待詔坐，啜茶。蓋中朝舊典也。

歐陽修《龍茶録後序》：皇祐中，修《起居注》，奏事仁宗皇帝，屢承天問，以建安貢茶併所以試茶之狀諭臣，論茶之舛謬。臣追念先帝顧遇之恩，覽本流涕，輒加正定，書之於石，以永其傳。

《隨手雜録》：子瞻在杭時，一日中使至，密謂子瞻曰：『某出京師辭官家，官家曰：辭了娘娘來。某辭太后殿，復到官家處，引某至一櫃子旁，出此一角密語曰：賜與蘇軾，不得令人知。遂出所賜，乃茶一斤，封題皆御筆。』子瞻具札，附進稱謝。

潘中散适爲處州守，一日作醮，其茶百二十盞皆乳花，内一盞如墨，詰之，則酌酒人誤酌茶中。潘焚香再拜謝過，即成乳花，僚吏皆驚嘆。

《石林燕語》：故事，建州歲貢大龍鳳團茶各二斤，以八餅爲斤。仁宗時，蔡君謨知建州，始别擇茶之精者爲小龍團十斤以獻，斤爲十餅。仁宗以非故事，命劾之，大臣爲請，因留而免劾，然自是遂爲歲額。熙寧中，賈清爲福建運使，又取小團之精者爲密雲龍，以二十餅爲斤，而雙袋謂之雙角團茶。大小團袋皆用緋，通以爲賜也。密雲龍獨用黄，蓋專以奉玉食。其後又有瑞雲翔龍者。宣和後，團茶不復貴，皆以爲賜，亦不復如向日之精。後取其精者爲銙茶，歲賜者不同，不可勝紀矣。

《春渚紀[四]聞》：東坡先生一日與魯直、文潛諸人會，飯既，食骨䭔兒血羹。客有須薄茶者，因就取所碾龍團遍啜坐客。或曰：『使龍茶能言，當須稱屈。』

魏了翁《**先茶記**》：眉山李君鏗爲臨邛茶官。吏以故事，三日謁先茶。君詰其故，則曰：『是韓氏而王號，相傳爲然，實未嘗請命於朝也。』君曰：『飲食皆有先，而況茶之爲利，不惟民生食用之所資，亦馬政、邊防之攸賴。是之弗圖，非忘本乎！』於是撤舊祠而增廣焉，且請於郡上神之功狀於朝，宣賜榮號，以侈神賜。而馳書於靖，命記成役。

《**拊掌録**》：宋自崇寧後復榷茶，法制日嚴。私販者固已抵罪，而商賈官券清納有限，道路有程。纖悉不如令，則被擊斷，或沒貨出告。昏愚者往往不免。其儕乃目茶籠爲草大蟲，言傷人如虎也。

《**苕溪漁隱叢話**》：歐公《和劉原父揚州時會堂絶句》云：『積雪猶

封蒙頂樹，驚雷未發建溪春。中州地暖萌芽早，入貢宜先百物新。』注：時會堂，造貢茶所也。余以陸羽《茶經》考之，不言揚州出茶，惟毛文錫《茶譜》云：『揚州禪智寺，隋之故宫，寺傍蜀岡，其茶甘香，味如蒙頂焉。』第不知入貢之因，起何時也。

《盧溪詩話》：雙井老人以青沙蠟紙裹細茶寄人，不過二兩。

《青瑣詩話》：大丞相李公昉嘗言，唐時目外鎮爲粗官，有學士貽外鎮茶，有詩謝云：『粗官乞與真虛擲，賴有詩情合得嘗。』外鎮即薛能也。

《玉堂雜記》：淳熙丁酉十一月壬寅，必大輪當内直，上曰：『卿想不甚飲，比賜宴時，見卿面赤。賜小春茶二十銙，葉世英墨五團，以代賜酒。』

陳師道《後山叢談》：張忠定公令崇陽，民以茶爲業。公曰：『茶利厚，官將取之，不若早自異也。』命拔茶而植桑，民以爲苦。其後榷茶，他縣皆失業，而崇陽之桑皆已成，其爲絹而北者，歲百萬匹矣。又見《名臣言行録》。

文正李公既薨，夫人誕日，宋宣獻公時爲侍從。公與其僚二十餘人詣第上壽，拜於簾下，宣獻前曰：『太夫人不飲，以茶爲壽。』探懷出之，注湯以獻，復拜而去。

張芸叟《畫墁録》：有唐茶品，以陽羨爲上供，建溪、北苑未著也。貞元中，常衮爲建州刺史，始蒸焙而研之，謂研膏茶。其後稍爲餅樣，而穴其中，故謂之一串。陸羽所烹，惟是草茗爾。迨本朝建溪獨盛，採焙製作，前世所未有也，士大夫珍尚鑒别，亦過古先。丁晋公爲福建轉運使，始製爲鳳團，後爲龍團，貢不過四十餅，專擬上供，即近臣之家，徒聞之而未嘗見也。天聖中，又爲小團，其品迥嘉於大團。賜兩府，然止於一斤，唯上大齋宿兩府八人，共賜小團一餅，縷之以金。八人析歸，以侈非常之賜，親知瞻玩，賡唱以詩，故歐陽永叔有《龍茶小録》。或以大團賜者，輒封[五]方寸，以供佛、供仙、奉家廟，已而奉親并待客享子弟之用。熙寧末，神宗有旨，建州製密雲龍，其品又加於小團。自密雲龍出，則二團少粗，以不能兩好也。予元祐中詳定殿試，是年分爲制舉考第，各蒙賜三餅，然親知誅責，殆將不勝。

熙寧中，蘇子容使遼，姚麟爲副，曰：『盍載些小團茶乎？』子容曰：『此乃供上之物，疇敢與遼人？』未幾，有貴公子使遼，廣貯團茶以往，自爾遼人非團茶不納也，非小團不貴也。彼以二團易蕃羅一匹，此以一羅酬四團，少不滿意，即形言語。近有貴貂守邊，以大團爲常供，密雲龍爲好茶云。

《鶴林玉露》：嶺南人以檳榔代茶。

彭乘《墨客揮犀》：蔡君謨，議茶者莫敢對公發言，建茶所以名重天下，由公也。後公製小團，其品尤精於大團。一日，福唐蔡葉丞秘教召公啜小團，坐久，復有一客至，公啜而味之曰：『此非獨小團，必有大團雜之。』丞驚，呼童詰之，對曰：『本碾造二人茶，繼有一客至，造不及，即以大團兼之。』丞神服公之明審。

王荊公爲小學士時，嘗訪君謨，君謨聞公至，喜甚，自取絶品茶，親滌器，烹點以待公，冀公稱賞。公於夾袋中取消風散一撮，投茶甌中，併食之。君謨失色，公徐曰：『大好茶味。』君謨大笑，且嘆公之真率也。

魯應龍《閑窗括異志》：當湖德藏寺有水陸齋壇，往歲富民沈忠建每設齋，施主虔誠，則茶現瑞花，故花儼然可睹，亦一異也。

周輝《清波雜志》：先人嘗從張晋彦覔茶，張答以二小詩云：『内家新賜密雲龍，只到調元六七公。賴有山家供小草，猶堪詩老薦春風。』『仇池詩裏識焦坑，風味官焙可抗衡。鑽餘權倖亦及我，十輩遺前公試烹。』時〔六〕總得偶病，此詩俾其子代書，後誤刊《于湖集》中。焦坑産庾嶺下，味苦硬，久方回甘。如『浮石已乾霜後水，焦坑新試雨前茶』，東坡《南還回至章貢顯聖寺》詩也。後屢得之，初非精品，特彼人自以爲重，包裹鑽權倖，亦豈能望建溪之勝？

《東京夢華録》：舊曹門街北山子茶坊内，有仙洞、仙橋，士女往往夜遊，喫茶於彼。

《五色綫》：騎火茶，不在火前，不在火後故也。清明改火，故曰騎火茶。

《夢溪筆談》：王城東素所厚惟楊大年。公有一茶囊，唯大年至，則取茶囊具茶，他客莫與也。

《南方草木狀》：宋二帝北狩，到一寺中，有二石金剛並拱手而立。神像高大，首觸桁棟，別無供器，止有石盂、香爐而已。有一胡僧出入其中，僧揖坐問：『何來？』帝以南來對。僧呼童子點茶以進，茶味甚香美。再欲索飲，胡僧與童子趨後堂而去。移時不出，入內求之，寂然空舍。惟竹林間有一小室，中有石刻胡僧像，並二童子侍立，視之儼然如獻茶者。

馬永卿《懶真子録》：王元道嘗言：陝西子仙姑，傳云得道術，能不食，年約三十許，不知其實年也。陝西提刑陽翟李熙民逸老，正直剛毅人也，聞人所傳甚異，乃往青平軍自驗之。既見道貌高古，不覺心服，因曰：『欲獻茶一杯可乎？』姑曰：『不食茶久矣，今勉强一啜。』既食，少頃垂兩手出，玉雪如也。須臾，所食之茶從十指甲出，凝於地，色猶不變，逸老令就地刮取，且使嘗之，香味如故，因大奇之。

《朱子文集·與志南上人書》：偶得安樂茶，分上廿瓶。

《陸放翁集·同何元立蔡肩吾至丁東院汲泉煮茶》詩云：雲芽近自峨眉得，不減紅囊顧渚春。旋置風爐清樾下，他年奇事屬三人。

《周必大集·送陸務觀赴七閩提舉常平茶事》詩云：暮年桑苧毁《茶經》，應爲征行不到閩。今有雲孫持使節，好因貢焙祀茶人。

《梅堯臣集》：晏成續太祝遺雙井茶五品，茶具四枚，近詩六十篇，因賦詩爲謝。

《黄山谷集》：有《博士王揚休碾密雲龍，同事十三人飲之戲作》。

《晁補之集·和答曾敬之秘書見招能賦堂烹茶》詩：一碗分來百越

春，玉溪小暑却宜人。紅塵他日同回首，能賦堂中偶坐身。

《蘇東坡集·送周朝議守漢川》詩云：茶爲西南病，甿俗記二李。何人折其鋒，矯矯六君子。二李，杞與稷也。六君子謂師道與侄正儒、張永徽、吴醇翁、吕元鈞、宋文輔也。蓋是時蜀茶病民，二李乃始敝之人，而六君子能持正論者也。

僕在黄州，參寥自吴中來訪，館之東坡。一日，夢見參寥所作詩，覺而記其兩句云：『寒食清明都過了，石泉槐火一時新。』後七年，僕出守錢塘，而參寥始卜居西湖智果寺院，院有泉出石縫間，甘冷宜茶[七]。寒食之明日，僕與客泛湖自孤山來謁參寥，汲泉鑽火烹黄蘗茶。忽悟所夢詩，兆於七年之前。衆客皆驚嘆，知傳記所載，非虚語也。

東坡《物類相感志》：芽茶得鹽，不苦而甜。又云：喫茶多腹脹，以醋解之。又云：陳茶燒煙，蠅速去。

《楊誠齋集·謝傅尚書送茶》：遠餉新茗，當自携大瓢，走汲溪泉，束澗底之散薪，然折脚之石鼎，烹玉塵，啜香乳，以享天上故人之惠。愧無胸中之書傳，但一味攪破菜園耳。

鄭景龍《續宋百家詩》：本朝孫志舉，有《訪王主簿同泛菊茶》詩。

吕元中《豐樂泉記》：歐陽公既得釀泉，一日會客，有以新茶獻者。公敕汲泉瀹之。汲者道仆覆水，僞汲他泉代。公知其非釀泉，詰之，乃得是泉於幽谷山下，因名豐樂泉。

《侯鯖録》：黄魯直云：『爛蒸同州羊，沃以杏酪，食之以匕，不以箸。抹南京麪作槐葉冷淘，糝以襄邑熟猪肉，炊共城香稻，用吴人鱠、松江之鱸。既飽，以康山谷簾泉烹曾坑[八]鬥品。少焉，卧北窗下，使人誦東坡《赤壁》前後賦，亦足少快。』又見《蘇長公外紀》。

《蘇舜欽傳》：有興則泛小舟出盤、閶二門，吟嘯覽古，渚茶野釀，足以消憂。

《過庭録》：劉貢父知長安，妓有茶嬌者，以色慧稱。貢父惑之，事傳一時。貢父被召至闕，歐陽永叔去城四十五里迓之，貢父以酒病未起。永叔戲之曰：『非獨酒能病人，茶亦能病人多矣。』

《合璧事類》：覺林寺僧志崇製茶有三等：待客以驚雷莢，自奉以萱草帶，供佛以紫茸香。凡赴茶者，輒以油囊盛餘瀝。

江南有驛官，以幹事自任。白太守曰：『驛中已理，請一閱之。』刺史乃往，初至一室爲酒庫，諸醞皆熟，其外懸一畫神，問：『何也？』曰：『杜康。』刺史曰：『公有餘也。』又至一室爲茶庫，諸茗畢備，復懸畫神，問：『何也？』曰：『陸鴻漸。』刺史益喜。又至一室爲菹庫，諸俎咸具，亦有畫神，問：『何也？』曰：『蔡伯喈。』刺史大笑，曰：『不必置此。』

江浙間養蠶，皆以鹽藏其繭而繰絲，恐蠶蛾之生也。每繰畢，即煎茶葉爲汁，搗米粉搜之。篩於茶汁中煮爲粥，謂之洗缸粥。聚族以啜之，謂益明年之蠶。

《經鉏堂雜志》：松聲、澗聲、山禽聲、夜蟲聲、鶴聲、琴聲、棋落子聲、雨滴階聲、雪灑窗聲、煎茶聲，皆聲之至清者。

《松漠紀聞》：燕京茶肆設雙陸局，如南人茶肆中置棋具也。

《夢粱[九]録》：茶肆列花架，安頓奇松、異檜等物於其上，裝飾店面，敲打響盞。又冬月添七寶擂茶、饊子葱茶。茶肆樓上專安着妓女，名曰花茶坊。

《南宋市肆記》：平康歌館，凡初登門，有提瓶獻茗者。雖杯茶，亦犒數千，謂之點花茶。

諸處茶肆，有清樂茶坊、八仙茶坊、珠子茶坊、潘家茶坊、連三茶坊、連二茶坊等名。

謝府有酒，名勝茶。

宋《都城紀勝》：大茶坊皆掛名人書畫，人情茶坊，本以茶湯爲正。水茶坊，乃娼家聊設果凳，以茶爲由，後生輩甘於費錢，謂之乾茶錢。又有提茶瓶及齪茶名色。

《臆乘》：楊衒之作《洛陽伽藍記》，曰[一〇]食有酪奴，蓋指茶爲酪粥之奴也。

《鄉嬛記》：昔有客遇茅君，時當大暑，茅君於手巾内解茶葉，人與一葉，客食之五内清凉。茅君曰：『此蓬萊穆陀樹葉，衆仙食之以當飲。』又有寶文之蕊，食之不飢，故謝幼貞詩云：『摘寶文之初蕊，拾穆陀之墜葉。』

楊南峰《手鏡》載：宋時姑蘇女子沈清友，有《續鮑令暉香茗賦》。

孫月峰《坡仙食飲録》：密雲龍茶極爲甘馨，宋廖[一二]正，一字明略，晚登蘇門，子瞻大奇之。時黄、秦、晁、張號蘇門四學士，子瞻待之厚，每至必令侍妾朝雲取密雲龍烹以飲之。一日，又命取密雲龍，家人謂是四學士，窺之乃明略也。山谷詩有『矞雲龍』，亦茶名。

《嘉禾志》：煮茶亭在秀水縣西南湖中景德寺之東禪堂。宋學士蘇軾與文長老嘗三過湖上，汲水煮茶，後人因建亭以識其勝。今遺址尚存。

《名勝志》：茶仙亭在滁州瑯琊山，宋時寺僧爲刺史曾肇建，蓋取杜牧《池州茶山病不飲酒》詩『誰知病太守，猶得作茶仙』之句。子開詩云：『山僧獨好事，爲我結茆茨。茶仙榜草聖，頗宗樊川詩。』蓋紹聖二年肇知是州也。

陳眉公《珍珠船》：蔡君謨謂范文正曰：『公《採茶歌》云「黄金碾畔緑塵飛，碧玉甌中翠濤起」。今茶絶品，其色甚白，翠緑乃下者耳，欲改爲「玉塵飛」「素濤起」，如何？』希文曰：『善。』

又，蔡君謨嗜茶，老病不能飲，但把玩而已。

《潛確類書》：宋紹興中，少卿曹戬避地南昌豐城縣，其母喜茗飲。山初無井，戬乃齋戒祝天，即院堂後斵地纔尺，而清泉溢湧，後人名爲『孝感泉』。

大理徐恪，建人也，見貽鄉信鋌子茶，茶面印文曰『玉蟬膏』，一種曰『清風使』。

蔡君謨善别茶，建安能仁院有茶生石縫間，蓋精品也。寺僧採造得八餅，號石巖白。以四餅遺君謨，以四餅密遣人走京師遺王内翰禹玉。歲餘，君謨被召還闕，過訪禹玉，禹玉命子弟於茶筒中選精品碾以待蔡，蔡捧甌未嘗，輒曰：『此極似能仁寺石巖白，公何以得之？』禹玉未信，索帖驗之，乃服。

《月令廣義》：蜀之雅州名山縣蒙山有五峰，峰頂有茶園，中頂最高處曰上清峰，産〔一二〕甘露茶。昔有僧病冷且久，嘗遇老父詢其病，僧具告之。父曰：『何不飲茶？』僧曰：『本以茶冷，豈能止乎？』父曰：『是非常茶，仙家有所謂「雷鳴」者，而亦聞乎？』僧曰：『未也。』父曰：『蒙之中頂有茶，當以春分前後多搆人力，俟雷之發聲，併手採摘，以多爲貴，至三日乃止。若獲一兩，以本處水煎服，能祛宿疾。服二兩，終身無病。服三兩，可以换骨。服四兩，即爲地仙。但精潔治之，無不效者。』僧因之中頂築室以俟，及期，獲一兩餘，服未竟而病瘥。惜不能久住博求。而精健至八十餘歲，氣力不衰。時到城市，觀其貌若年三十餘者，眉髮紺緑。後入青城山，不知所終。今四頂茶園不廢，惟中頂草木繁茂，重雲積霧，蔽虧日月，鷙獸時出，人迹罕到矣。

《太平清話》：張文規以吴興白苧、白蘋洲、明月峽中茶爲三絶。文規好學，有文藻。蘇子由、孔武仲、何正臣諸公，皆與之遊。

夏茂卿《茶董》：劉煜，字子儀，嘗與劉筠飲茶，問左右：『湯滚也未？』衆曰：『已滚。』筠曰：『僉曰鯀哉。』煜應聲曰：『吾與點也。』

黄魯直以小龍團半鋌，題詩贈晁無咎，有云：『曲几蒲團聽煮湯，煎成車聲繞羊腸。雞蘇胡麻留渴羌，不應亂我官焙香。』東坡見之，曰：『黄九恁地怎得不窮。』

陳詩教《灌園史》：杭妓周韶有詩名，好蓄奇茗，嘗與蔡公君謨鬥勝，題品風味，君謨屈焉。

江參，字貫道，江南人，形貌清癯，嗜香茶以爲生。

《博學彙書》：司馬温公與子瞻論茶墨云：『茶與墨二者正相反，茶欲白，墨欲黑；茶欲重，墨欲輕；茶欲新，墨欲陳。』蘇曰：『上茶妙墨俱香，是其德同也；皆堅，是其操同也。』公嘆以爲然。

元耶律楚材詩《在西域作茶會值雪》，有『高人惠我嶺南茶，爛賞飛花雪没車』之句。

《雲林遺事》：光福徐達左，搆養賢樓於鄧尉山中，一時名士多集於此。元鎮爲尤數焉。嘗使童子入山擔七寶泉，以前桶煎茶，以後桶灌足。人不解其意，或問之，曰：『前者無觸，故用煎茶，後者或爲泄氣所穢，故以爲濯足之用。』其潔癖如此。

陳繼儒《**妮古録**》：至正辛丑九月三日，與陳徵君同宿愚庵師房，焚香煮茗，圖石梁秋瀑，翛然有出塵之趣。黄鶴山人王蒙題畫。

周叙《**遊嵩山記**》：見會善寺中有元雪庵頭陀《茶榜》石刻，字徑三寸，遒偉可觀。

鍾嗣成《**録鬼簿**》：王實甫有《蘇小郎月夜販茶船》傳奇。

《**吴興掌故録**》：明太祖喜顧渚茶，定制歲貢止三十二斤，於清明前二日，縣官親詣採茶，進南京奉先殿焚香而已，未嘗别有上供。

《**七修彙稿**》：明洪武二十四年，詔天下産茶之地，歲有定額，以建寧爲上，聽茶户採進，勿預有司。茶名有四：探春、先春、次春、紫筍，不得碾揉爲大小龍團。

楊維楨《煮茶夢記》：鐵崖道人卧石床，移二更，月微明，及紙帳梅影，亦及半窗，鶴孤立不鳴。命小芸童汲白蓮泉，燃槁湘竹，授[一三]以凌霄芽爲飲供。乃遊心太虛，恍兮入夢。

陸樹聲《茶寮記》：園居敞小寮於嘯軒埤垣之西。中設茶竈，凡瓢、汲、罌注、濯、拂之具咸庀。擇一人稍通茗事者主之，一人佐炊汲。客至，則茶煙隱隱起竹外。其禪客過從予者，與余相對結跏趺坐，啜茗汁，舉無生話。時杪秋既望，適園無諍居士，與五臺僧演鎮、終南僧明亮，同試天池茶於茶寮中。漫記。

《墨娥小録》：千里茶，細茶一兩五錢，孩兒茶一兩，柿霜一兩，粉草末六錢，薄荷葉三錢。右爲細末調匀，煉蜜丸如白荳大，可以代茶，便於行遠。

湯臨川《題飲茶録》：陶學士謂『湯者，茶之司命』，此言最得三昧。馮祭酒精於茶政，手自料滌，然後飲客。客有笑者，余戲解之云：『此正如美人，又如古法書名畫，度可着俗漢手否！』

陸釴《病逸漫記》：東宫出講，必使左右迎請講官。講畢，則語東宫官云：『先生喫茶。』

《玉堂叢語》：愧齋陳公，性寬坦，在翰林時，夫人嘗試之。會客至，公呼：『茶！』夫人曰：『未煮。』公曰：『也罷。』又呼曰：『乾茶！』夫人曰：『未買。』公曰：『也罷。』客爲捧腹，時號『陳也罷』。

沈周《客坐新聞》：吴僧大機所居古屋三四間，潔净不容唾。善瀹茗，有古井清冽爲稱。客至，出一甌爲供飲之，有滌腸湔胃之爽。先公與交甚久，亦嗜茶，每入城必至其所。

沈周《書岕茶别論後》：自古名山留以待羈人遷客，而茶以資高士，蓋造物有深意。而周慶叔者爲《岕茶别論》，以行之天下。度銅山金穴中無此福，又恐仰屠門而大嚼者未必領此味。慶叔隱居長興，所至載茶具，邀余素甌[一四]黄葉間，共相欣賞。恨鴻漸、君謨不見慶叔耳，爲之覆茶三嘆。

馮夢禎《快雪堂漫録》：李于鱗爲吾浙按察副使，徐子與以岕茶之最精餉之。比遇[一五]子與于昭慶寺問及，則已賞皂役矣。蓋岕茶葉大梗多，于鱗北士，不遇宜也。紀之以發一笑。

閔元衡《玉壺冰》：良宵燕坐，篝燈煮茗，萬籟俱寂，疏鐘時聞，當此情景，對簡編而忘疲，徹衾枕而不御，一樂也。

《甌江逸志》：永嘉歲進茶芽十斤，樂清茶芽五斤，瑞安、平陽歲進亦如之。

雁山五珍：龍湫茶、觀音竹、金星草、山樂、官香魚也。茶即明茶，紫色而香者，名玄茶，其味皆似天池而稍薄。

王世懋《二酉委譚》：余性不耐冠帶，暑月尤甚，豫章天氣蚤熱，而今歲尤甚。春三月十七日，觴客於滕王閣，日出如火，流汗接踵，頭涔涔幾不知所措。歸而煩悶，婦爲具湯沐，便科頭裸身赴之。時西山雲霧新茗初至，張右伯適以見遺，茶色白大，作荳子香，幾與虎丘埒。余時浴出，露坐明月下，亟命侍兒汲新水烹嘗之。覺沆瀣入咽，兩腋風生。念此境味，都非宦路所有。琳泉蔡先生老而嗜茶，尤甚於余。時已就寢，不可邀之共啜。晨起復烹遺之，然已作第二義矣。追憶夜來風味，書一通以贈先生。

《湧幢小品》：王璡，昌邑人，洪武初，爲寧波知府。有給事來謁，具茶。給事爲客居間，公大呼『撤去』，給事慚而退。因號『撤茶太守』。

《臨安志》：棲霞洞内有水洞，深不可測，水極甘冽，魏公嘗調以瀹茗。

《西湖志餘》：杭州先年有酒館而無茶坊，然富家燕會，猶有專供茶事之人，謂之茶博士。

《潘子真詩話》：葉濤詩極不工而喜賦咏，嘗有《試茶》詩云：『碾成天上龍兼鳳，煮出人間蟹與蝦。』好事者戲云：『此非試茶，乃碾玉匠人嘗南食也。』

董其昌《容臺集》：蔡忠惠公進小團茶，至爲蘇文忠公所譏，謂與錢思公進姚黄花同失士氣。然宋時君臣之際，情意藹然，猶見於此。且君謨未嘗以貢茶干寵，第點綴太平世界一段清事而已。東坡書歐陽公滁州二記，知其不肯書《茶録》。余以蘇法書之，爲公懺悔。否〔一六〕則蟄龍詩句，幾臨湯火，有何罪過？凡持論不大遠人情可也。

金陵春卿署中，時有以松蘿茗相貽者，平平耳。歸來山館得啜尤物，詢知爲閔汶水所蓄。汶水家在金陵，與余相及，海上之鷗，舞而不下，蓋知希爲貴，鮮遊大人者。昔陸羽以精茗事，爲貴人所侮，作《毁茶論》，如汶水者，知其終不作此論矣。

李日華《六研齋筆記》：攝山棲霞寺有茶坪，茶生榛莽中，非經人剪植者。唐陸羽入山採之，皇甫冉作詩送之。

《紫桃軒雜綴》：泰山無茶茗，山中人摘青桐芽點飲，號女兒茶。又有松苔，極饒奇韻。

《鍾伯敬集》：《茶訊》詩云：『猶得年年一度行，嗣音幸借採茶名。』伯敬與徐波元嘆交厚，吴楚風煙相隔數千里，以買茶爲名，一年通一訊，遂成佳話，謂之茶訊。

《**茶供說**》：婁江逸人朱汝圭，精於茶事，將以茶隱者也，欲求爲之記，愿歲歲採渚山青芽，爲余作供。余觀楞嚴壇中設供，取白牛乳、砂糖、純蜜之類。西方沙門婆羅門，以葡萄、甘蔗漿爲上供，未有以茶供者。鴻漸長於苾蒭者也，杼山禪伯也，而鴻漸《茶經》、杼山《茶歌》俱不云供佛。西土以貫花燃香供佛，不以茶供，斯亦供養之缺典也。汝圭益精心治辨茶事，金芽素瓷，清浄供佛，他生受報，往生香國。以諸妙香而作佛事，豈但如丹丘羽人飲茶，生羽翼而已哉！余不敢當汝圭之茶供，請以茶供佛。後之精於茶道者，以採茶供佛爲佛事，則自余之諗汝圭始，爰作《茶供說》以贈。

《**五燈會元**》：摩突羅國有一青林枝葉茂盛地，名曰優留茶。

僧問如寶禪師曰：『如何是和尚家風？』師曰：『飯後三碗茶。』僧問谷泉禪師曰：『未審客來，如何祇待？』師曰：『雲門胡餅趙州茶。』

《**淵鑒類函**》：鄭愚《茶詩》：『嫩芽香且靈，吾謂草中英。夜臼和煙搗，寒爐對雪烹。』因謂茶曰草中英。

素馨花曰裨茗，陳白沙《素馨記》以其能少裨於茗耳。一名那悉茗花。

《**佩文韻府**》：元好問詩注：『唐人以茶爲小女美稱。』

《黔南行記》：陸羽《茶經》紀黃牛峽茶可飲，因令舟人求之。有媪賣新茶一籠，與草葉無異，山中無好事者故耳。

初余在峽州問士大夫黃陵茶，皆云粗澀不可飲。試問小吏，云：『唯僧茶味善。』令求之，得十餅，價甚平也。携至黃牛峽，置風爐清樾間，身自候湯，手擷得味。既以享黃牛神，且酌，元明堯夫云：『不減江南茶味也。』乃知夷陵士大夫以貌取之耳。

《九華山録》：至化城寺，謁金地藏塔，僧祖瑛獻土産茶，味可敵北苑。

馮時可《茶録》：松郡余山亦有茶，與天池無異，顧採造不如。近有比丘來，以虎丘法製之，味與松蘿等。老衲亟逐之，曰：『毋爲此山開羶徑而置火坑。』

冒巢民《岕茶彙鈔》：憶四十七年前，有吴人柯姓者，熟於陽羡茶山。每桐初露白之際，爲余入岕，箬籠攜來十餘種，其最精妙者，不過斤許數兩耳。味老香深，具芝蘭金石之性。十五年以爲恒。後宛姬從吴門歸余，則岕片必需半塘顧子兼，黄熟香必金平叔，茶香雙妙，更入精微。然顧、金茶香之供，每歲必先虞山柳夫人、吾邑隴西之舊姬與余共宛姬，而後他及。

金沙于象明攜岕茶來，絶妙。金沙之於精鑒賞，甲於江南，而岕山之棋盤頂，久歸於家，每歲其尊人必躬往採製。今夏攜來廟後、棋頂、漲沙、本山諸種，各有差等，然道地之極真極妙，二十年所無。又辨水候火，與手自洗烹之細潔，使茶之色香性情，從文人之奇嗜異好，一一淋漓而出。誠如丹丘羽人所謂飲茶生羽翼者，真衰年稱心樂事也。

吳門七十四老人朱汝圭，携茶過訪。與象明頗同，多花香一種。汝圭之嗜茶自幼，如世人之結齋於胎年，十四入岕，迄今春夏不渝者百二十番，奪食色以好之。有子孫爲名諸生，老不受其養。謂不嗜茶爲不似阿翁。每竦骨入山，卧遊虎虒，負籠入肆，嘯傲甌香。晨夕滌瓷洗葉，啜弄無休，指爪齒頰，與語言激揚贊頌之津津，恒有喜神妙氣與茶相長養，真奇癖也。

《嶺南雜記》：潮州燈節，飾姣童爲採茶女，每隊十二人或八人，手挈花籃，迭進而歌，俯仰抑揚，備極妖妍。又以少長者二人爲隊首，擎彩燈，綴以扶桑、茉莉諸花。採女進退作止，皆視隊首。至各衙門或巨室唱歌，賚以銀錢、酒果。自十三夕起，至十八夕而止。余録其歌數首，頗有《前溪》《子夜》之遺。

郎瑛《七修類稿》[一七]：歙人閔汶水居桃葉渡上，予往品茶其家，見其水火自任，以小酒盞酌客，頗極烹飲態，正如德山擔青龍鈔，高自矜許而已，不足異也。秣陵好事者，嘗誚閩無茶，謂閩客得閩[一八]茶咸製爲羅囊，佩而嗅之以代旃檀。實則閩不重汶水也。閩客遊秣陵者，宋比玉、洪仲章輩，類依附吴兒强作解事，賤家鷄而貴野鶩，宜爲其所誚歟！三山薛老亦秦淮汶水也。薛嘗言汶水假他味作蘭香，究使茶之真味盡失。汶水而在，聞此亦當色沮。薛嘗住另崱，自爲剪焙，遂欲駕汶水上。余謂茶難以香名，况以蘭定茶，乃咫尺見也，頗以薛老論爲善。

延邵人呼製茶人爲碧豎，富沙陷後，碧豎盡在緑林中矣。

蔡忠惠《茶録》石刻在甌寧邑庠壁間。予五年前搨數紙寄所知，今漫漶不如前矣。

閩酒數郡如一，茶亦類是。今年予得茶甚夥，學坡公義酒事，盡合爲一，然與未合無異也。

李仙根《安南雜記》：交趾稱其貴人曰翁茶。翁茶者，大官也。

《虎丘茶經補注》：徐天全自金齒謫回，每春末夏初，入虎丘開茶社。

羅光璽作《虎丘茶記》，嘲山僧有替身茶。

吴匏庵與沈石田遊虎丘，採茶手煎對啜，自言有茶癖。

《漁洋詩話》：林確齋者，亡其名，江右人。居冠石，率子孫種茶，躬親畚鍤負擔，夜則課讀《毛詩》《離騷》。過冠石者，見三四少年頭著一幅巾，赤脚揮鋤，琅然歌出金石，竊嘆以爲古圖畫中人。

《尤西堂集》有《戲册茶爲不夜侯制》。[一九]

朱彝尊《日下舊聞》：上巳後三日，新茶從馬上至，至之日宫價五十金，外價二三十金。不一二日，即二三金矣。見《北京歲華記》。

《曝書亭集》：錫山聽松庵僧性海，製竹火爐，王舍人過而愛之，爲作山水横幅，并題以詩。歲久爐壞，盛太常因而更製，流傳都下，群公多爲吟咏。顧梁汾典籍倣其遺式製爐，及來京師，成容若侍衛以舊圖贈之。丙寅之秋，梁汾携爐及卷過余海波寺寓，適姜西溟、周青士、孫愷似三子亦至，坐青藤下燒爐試武夷茶，相與聯句成四十韻，用書於册，以示好事之君子。

蔡方炳《增訂廣輿記》：湖廣長沙府攸縣，古跡有茶王城，即漢茶陵城也。

葛萬里《清異録》：倪元鎮飲茶用果按者，名清泉白石。非佳客不供。有客請見，命進此茶。客渴，再及而盡，倪意大悔，放盞入内。

黄周星九煙夢讀《採茶賦》，只記一句云：『施凌雲以翠步。』

《别號録》：宋曾幾〔二〇〕吉甫，别號茶山。明許應元子春，别號茗山。

《隨見録》：武夷五曲朱文公書院内有茶一株，葉有臭蟲氣，及焙製出時，香逾他樹，名曰臭葉香茶。又有老樹數株，云係文公手植，名曰宋樹。

補**《西湖遊覽志》**：立夏之日，人家各烹新茗，配以諸色細果，饋送親戚比鄰，謂之七家茶。

南屏謙師妙於茶事，自云得心應手，非可以言傳學到者。

劉士亨有《謝璘上人惠桂花茶》詩云：金粟金芽出焙篝，鶴邊小試兔絲甌。葉含雷信三春雨，花帶天香八月秋。味美絶勝陽羨種，神清如在廣寒遊。玉川句好無才續，我欲逃禪問趙州。

李世熊《寒支集》：新城之山有異鳥，其音若簫，遂名曰簫曲山。山產佳茗，亦名簫曲茶。因作歌紀事。

《禪元顯教編》：徐道人居廬山天池寺，不食者九年矣。畜一墨羽鶴，嘗採山中新茗，令鶴銜松枝烹之。遇道流，輒相與飲幾碗。

張鵬翀《抑齋集》有《御賜鄭宅茶賦》云：青雲幸接於後塵，白日捧歸乎深殿。從容步緩，膏芬齊出螭頭；肅穆神凝，乳滴將開蠟面。用以濡毫，可媲[二]文章之草；將之比德，勉爲精白之臣。

【注】

[一]篷：底本作『蓬』。

[二]底本無『意』。

[三]銙：底本作『夸』。

[四]紀：底本作『記』。

[五]封：底本作『到』。

[六]時：底本作『詩』。

[七]茶：底本作『食』。

[八]坑：底本誤作『抗』。

[九]粱：底本誤作『梁』。

[一〇]曰：底本誤作『日』。

[一一]廖：底本作『寥』。

[一二]産：底本作『有』。

〔一三〕授：底本作『採』。
〔一四〕甌：底本誤作『鷗』。
〔一五〕遇：底本作『看』。
〔一六〕否：底本作『不』。
〔一七〕郎瑛《七修類稿》：底本作『張大復《梅花筆談》』。
〔一八〕閩：底本作『閔』。
〔一九〕此段文字底本作『王堂《草説》：宋北苑茶之精者，名白乳、頭金、蠟面。』
〔二〇〕幾：底本作『機』。
〔二一〕媲：底本作『織』。

續茶經卷下之四

八之出

《國史補》：風俗貴茶，其名品益衆。劍南[一]有蒙頂石花，或小方、散芽，號爲第一。湖州有[二]顧渚之紫筍，東川有神泉小團、綠昌明、獸目。峽州有小江園、碧澗寮、明月房、茱萸寮。福州有柏巖、方山露芽。婺州有東白、舉巖、碧貌。建安有青鳳髓。夔州有香山。江陵有楠木。湖南有衡山。睦州有鳩坑。洪州有西山之白露。壽州有霍山之黄芽。綿州之松嶺，雅州之露芽，南康之雲居，彭州之仙崖、石花，渠江之薄片，邛州之火井、思安，黔陽之都濡、高株，瀘川之納溪、梅嶺，義興之陽羨、春池、陽鳳嶺，皆品第之最著者也。

《文獻通考》：片茶之出於建州者，有龍、鳳、石乳、的乳、白乳、頭金、蠟面、頭骨、次骨、末骨、粗骨、山挺十二等，以充歲貢及邦國之用，洎本路食茶。餘州片茶，有進寶雙勝、寶山兩府，出興國軍；仙芝、嫩蕊、福合、禄合、運合、脂合，出饒、池州；泥片，出虔州；緑英、金片，出袁州；玉津，出臨江軍；靈川，出福州；先春、早春、華英、來泉、勝金，出歙州；獨行靈草、緑芽片金、金茗，出潭州；大拓枕，出江陵、大小巴陵；開勝、開棬、小棬、生黄翎毛，出岳州；雙上緑牙、大小方，出岳、辰、澧州；東首、淺山薄側，出光州。總二十六名。其兩浙及宣、江、鼎州，止以上中下或第一至第五爲號。其散茶，則有太湖、龍溪、次號、末號，出淮南。岳麓、草子、楊樹、雨前、雨後出荆湖；清口，出歸州；茗子，出江南。總十一名。

葉夢得《避暑録話》：北苑茶正所産爲曾坑，謂之正焙；非曾坑爲沙溪，謂之外焙。二地相去不遠，而茶種懸絶。沙溪色白，過於曾坑，但味短而微澀，識者一啜，如别涇渭也。余始疑地氣土宜，不應頓異如此。及來山中，每開闢徑路，刳治巖竇，有尋丈之間，土色各殊，肥瘠緊緩燥潤，亦從而不同。並植兩木於數步之間，封培灌溉略等，而生死豐悴如二物者。然後知事不經見，不可必信也。草茶極品惟雙井、顧渚，亦不過各有數畝。雙井在分寧縣，其地屬黄氏魯直家也。元祐間，魯直力推賞於京師，族人交致之，然歲僅得一二斤爾。

顧渚在長興縣，所謂吉祥寺也，其半爲今劉侍郎希范家所有。兩地所産，歲亦止五六斤。近歲寺僧求之者，多不暇精擇，不及劉氏遠甚。余歲求於劉氏，過半斤則不復佳。蓋茶味雖均，其精者在嫩芽。取其初萌如雀舌者，謂之槍；稍敷而爲葉者，謂之旗。旗非所貴，不得已取一槍一旗猶可，過是則老矣。此所以爲難得也。

《歸田録》：臘茶出於劍、建，草茶盛於兩浙。兩浙之品，日注爲第一。自景祐以後，洪州雙井白芽漸盛，近歲製作尤精，囊以紅紗，不過一二兩，以常茶十數斤養之，用辟暑濕之氣。其品遠出日注上，遂爲草茶第一。

《雲麓漫鈔》：茶出浙西湖州爲上，江南常州次之。湖州出長興顧渚山中，常州出義興君山懸脚嶺北岸下等處。

《蔡寬夫詩話》：玉川子《謝孟諫議寄新茶》詩有『手閲月團三百片』及『天子須嘗陽羨茶』之句。則孟所寄，乃陽羨茶也。

楊文公《談苑》：蠟茶出建州，陸羽《茶經》尚未知之，但言福建等州未詳，往往得之其味極佳。江左近日方有蠟面之號。丁謂《北苑茶録》云：『創造之始，莫有知者。』質之三館檢討杜鎬，亦曰在江左日始記有研膏茶。歐陽公《歸田録》亦云『出福建』，而不言所起。按唐氏諸家説中，往往有蠟面茶之語，則是自唐有之也。

《事物紀原》[三]：江左李氏别令取茶之乳作片，或號京鋌、的乳及骨子等，是則京鋌之品，自南唐始也。《苑録》云：『的乳以降，以下品雜煉售之，唯京師去者，至真不雜，意由此得名。』或曰，自開寶來，方有此茶。當時識者云，金陵僭國，唯曰都下，而以朝廷爲京師。今忽有此名，其將歸京師乎！

羅廪《茶解》：按唐時産茶地，僅僅如季疵所稱。而今之虎丘、羅岕、天池、顧渚、龍井、雁宕、武夷、靈川、大盤、日鑄、朱溪諸名茶，無一與焉。乃知靈草在在有之。但培植不嘉，或疏於採製耳。

《潛確類書·茶譜》：袁州之界橋，其名甚著，不若湖州之研膏、紫笋，烹之有綠脚垂下。又婺州有舉巖茶，片片方細，所出雖少，味極甘芳，煎之如碧玉之乳也。

《農政全書》：玉壘關外寶唐山，有茶樹産懸崖，笋長三寸五寸，方有一葉兩葉。涪州出三般茶：最上賓化，其次白馬，最下涪陵。

《煮泉小品》：茶自浙以北皆較勝。惟閩、廣以南，不惟水不可輕飲，而茶亦當慎之。昔鴻漸未詳嶺南諸茶，但云『往往得之，其味極佳』。余見其地多瘴癘之氣，染着水草，北人食之多致成疾，故謂人當慎之也。

《茶譜通考》：岳陽之含膏冷，劍南自綠昌明，蘄門之團黄，蜀川之雀舌，巴東之真香，夷陵之壓磚，龍安之騎火。

《江南通志》：蘇州府吴縣西山産茶，穀雨前採焙極細者，販於市，争先騰價，以雨前爲貴也。

《吴郡虎丘志》：虎丘茶，僧房皆植，名聞天下。穀雨前摘細芽焙而烹之，其色如月下白，其味如荳花香。近因官司徵以饋遠，山僧供茶一斤，費用銀數錢。是以苦於賫送，樹不修葺，甚至刈斫之，因以絶少。

米襄陽《志林》：蘇州穹窿山下有海雲庵，庵中有二茶樹，其二株皆連理，蓋二百餘年矣。

《姑蘇志》：虎丘寺西産茶，朱安雅云：『今二山門西偏，本名茶嶺。』

陳眉公《太平清話》：洞庭中西盡處，有仙人茶，乃樹上之苔蘚也，四皓採以爲茶。

《圖經續記》：洞庭小青山塢出茶，唐宋入貢。下有水月寺，因名水月茶。

《古今名山記》：支硎山茶塢，多種茶。

《隨見録》：洞庭山有茶，微似岕而細，味甚甘香，俗呼爲『嚇殺人』。産碧螺峰者尤佳，名碧螺春。

《松江府志》：佘山在府城北，舊有佘姓者修道於此，故名。山産茶與笋，並美，有蘭花香味。故陳眉公云：『余鄉佘山茶與虎丘相伯仲。』

《常州府志》：武進縣章山麓有茶巢嶺，唐陸龜蒙嘗種茶於此。

《天下名勝志》：南岳古名陽羡山，即君山北麓。孫皓既封國後，遂禪此山爲岳，故名。唐時産茶充貢，即所云南岳貢茶也。

常州宜興縣東南别有茶山。唐時造茶入貢，又名唐貢山，在縣東南三十五里均山鄉。

《武進縣志》：茶山路在廣化門外十里之内，大墩小墩連綿簇擁，有山之形。唐代湖、常二守會陽羨造茶修貢，由此往返，故名。

《檀几叢書》：茗山，在宜興縣西南五十里永豐鄉。皇甫曾有《送羽南山採茶》詩，可見唐時貢茶在茗山矣。

唐李栖筠守常州日，山僧獻陽羡茶。陸羽品爲芬芳冠世，産可供上方。遂置茶舍於洞靈觀，歲造萬兩入貢。後韋夏卿徙於無錫縣罨畫溪上，去湖汊一里所。許有穀詩云『陸羽名荒舊茶舍，却教陽羡置郵忙』，是也。

義興南岳寺，唐天寶中有白蛇銜茶子墜寺前，寺僧種之庵側，由此滋蔓，茶味倍佳，號曰蛇種。土人重之，每歲争先餉遺。官司需索，修貢不絶。迨今方春採茶，清明日，縣令躬享白蛇於卓錫泉亭，隆厥典也。後來檄取，山農苦之，故袁高有『陰嶺茶未吐，使者牒已頻』之句。郭三益詩：『官符星火催春焙，却使山僧怨白蛇。』盧仝《茶歌》：『安知百萬億蒼生，命墜顛崖受辛苦。』可見貢茶之累民，亦自古然矣。

《洞山岕[四]茶系》：羅岕，去宜興而南逾八九十里。浙直分界只一山岡，岡南即長興山。兩峰相阻介就夷曠者，人呼爲岕云。履其地，始知古人制字有意。今字書『岕』字，但注云『山名』耳。有八十八處前橫大磵，水泉清駛，漱潤茶根，泄山土之肥澤，故洞山爲諸岕之最。自西氿溯漲渚而入，取道茗嶺，甚險惡。縣西南八十里。自東氿溯湖汊而入，取道瀍嶺，稍夷，才通車騎。

所出之茶，厥有四品：第一品，老廟後。廟祀山之土神者，瑞草叢鬱，殆比茶星肸蠁矣。地不下二三畝，苕溪姚象先與婿分有之。茶皆古本，每年産不過二十斤，色淡黄不緑，葉筋淡白而厚，製成梗絕少。入湯，色柔白如玉露，味甘。芳香藏味中，空濛深永，啜之愈出，致在有無之外。第二品，新廟後棋盤頂、紗帽頂、手巾條、姚八房及吴江周氏地，産茶亦不能多。香幽色白，味冷雋，與老廟不甚別，啜之差覺其薄耳。此皆洞頂岕也。總之，岕品至此，清如孤竹，和如柳下，並入聖矣。今人以色濃香烈爲岕茶，真耳食而眯其似也。第三品，廟後漲沙、大袁頭、姚洞、羅洞、王[五]洞、范洞、白石。第四品，下漲沙、梧桐洞、余洞、石場、丫頭岕、留青岕、黃龍巖、竈龍池，此皆平洞本岕也。外山之長潮、青口、箵莊、顧渚、茅山岕，俱不入品。

《岕茶彙鈔》：洞山茶之下者，香清葉嫩，着水香消。棋盤頂、紗帽頂、雄鵝頭、茗嶺，皆產茶地。諸地有老柯、嫩柯，惟老廟後無二，梗葉叢密，香不外散，稱爲上品也。

《鎮江府志》：潤州之茶，傲山爲佳。

《寰宇記》：揚州江都縣蜀岡有茶園，茶甘旨如蒙頂。蒙頂在蜀，故以名岡。上有時會堂、春貢亭，皆造茶所，今廢，見毛文錫《茶譜》。

《宋史·食貨志》：散茶出淮南，有龍溪雨前、雨後之類。

《安慶府志》：六邑俱産茶，以桐之龍山、潛之閔山者爲最。蒔茶源在潛山縣。香茗山在太湖縣。大小茗山在望江縣。

《隨見録》：宿松縣産茶，嘗之頗有佳種，但製不得法。倘別其地，辨其等，製以能手，品不在六安下。

《徽州志》：茶産於松蘿，而松蘿茶乃絶少，其名則有勝金、嫩桑、仙芝、來泉、先春、運合、華英之品，其不及號者爲片茶八種。近歲茶名，細者有雀舌、蓮心、金芽；次者爲芽下白，爲走林，爲羅公；又其次者爲開園，爲軟枝，爲大方。製名號多端，皆松蘿種也。

吴從先《茗説》：松蘿，予土産也，色如梨花，香如荳蕊，飲如嚼雪。

種愈佳，則色愈白，即經宿無茶痕，固足美也。秋露白片子更輕清若空，但香大惹人，難久貯，非富家不能藏耳。真者其妙若此，略混他地一片，色遂作惡，不可觀矣。然松蘿地如掌，所産幾許，而求者四方雲至，安得不以他混耶？

《黄山志》：蓮花庵旁，就石縫養茶，多輕香冷韻，襲人齗齶。

《昭代叢書》：張潮云：『吾鄉天都有抹山茶。茶生石間，非人力所能培植。味淡香清，足稱仙品。採之甚難，不可多得。』

《隨見録》：松蘿茶，近稱紫霞山者爲佳，又有南源、北源名色。其松蘿真品殊不易得。黄山絶頂有雲霧茶，别有風味，超出松蘿之外。

《通志》：寧國府屬宣、涇、寧、旌、太諸縣，各山俱産松蘿。

《名勝志》：寧國縣鴉山在文脊山北，産茶充貢。《茶經》云『味與蘄州同』。宋梅詢有『茶煮鵶山雪滿甌』之句。今不可復得矣。

《農政全書》：宣城縣有丫山，形如小方餅横鋪，茗芽産其上。其山東爲朝日所燭，號曰陽坡，其茶最勝。太守薦之，京洛人士題曰『丫山陽坡横文茶』，一名『瑞草魁』。

《南方草木狀》：宛陵茗池源茶，根株頗碩，生於陰谷，春夏之交，方發萌芽。莖條雖長，旗槍不展，乍紫乍緑。天聖初，郡守李虛己同太史梅詢嘗試之，品以爲建溪、顧渚不如也。

《隨見録》：宣城有緑雪芽，亦松蘿一類。又有翠屏等名色。其涇川涂茶，芽細、色白、味香，爲上供之物。

《通志》：池州府屬青陽、石埭、建德，俱産茶。貴池亦有之，九華山閔公墓茶，四方稱之。

《**九華山志**》：金地茶，西域僧金地藏所植，今傳枝梗空筒者是。大抵煙霞雲霧之中，氣常溫潤，與地上者不同，味自異也。

《**通志**》：廬州府屬六安、霍山，並產名茶，其最著惟白茅貢尖，即茶芽也。每歲茶出，知州具本恭進。

六安州有小峴山出茶，名小峴春，爲六安極品。霍山有梅花片，乃黄梅時摘製，色香兩兼而味稍薄。又有銀針、丁香、松蘿等名色。

《**紫桃軒雜綴**》：余生平慕六安茶，適一門生作彼中守，寄書托求數兩，竟不可得，殆絶意乎！

陳眉公《**筆記**》：雲桑茶出瑯琊山，茶類桑葉而小，山僧焙而藏之，其味甚清。

廣德州建平縣雅山出茶，色香味俱美。

《浙江通志》：杭州錢塘、富陽及餘杭徑山多產茶。

《天中記》：杭州寶雲山出者，名寶雲茶。下天竺香林洞者，名香林茶。上天竺白雲峰者，名白雲茶。

田子藝云：龍泓今稱龍[六]井，因其深也。《郡志》稱有龍居之，非也。蓋武林之山，皆發源天目，有龍飛鳳舞之讖，故西湖之山以龍名者多，非真有龍居之也。有龍，則泉不可食矣。泓上之閣亟宜去之，浣花諸池尤所當浚。

《湖壖雜記》：龍井產茶，作荳花香，與香林、寶雲、石人塢、垂雲亭者絕異。採於穀雨前者尤佳，啜之淡然，似乎無味，飲過後，覺有一種太和之氣，瀰綸於齒頰之間，此無味之味乃至味也。爲益於人不淺，故能療疾。其貴如珍，不可多得。

《坡仙食飲録》：寶嚴院垂雲亭亦産茶，僧怡然以垂雲茶見餉，坡報以大龍團。

陶穀《清異録》：開寶中，竇儀以新茶餉予，味極美，奩面標云『龍陂山子茶』。龍陂是顧渚山之别境。

《吴興掌故》：顧渚左右有大小官山，皆爲茶園。明月峽在顧渚側，絶壁削立，大澗中流，亂石飛走，茶生其間，尤爲絶品。張文規詩所謂『明月峽中茶始生』是也。

顧渚山，相傳以爲吴王夫差於此顧望原隰可爲城邑，故名。唐時，其左右大小官山皆爲茶園，造茶充貢，故其下有貢茶院。

《蔡寬夫詩話》：湖州紫笋茶出顧渚，在常、湖二郡之間，以其萌茁紫而似笋也。每歲入貢，以清明日到，先薦宗廟，後賜近臣。

馮可賓《岕茶箋》：環長興境，産茶者曰羅嶰，曰白巖，曰烏瞻，曰青東，曰顧渚，曰篠浦，不可指數。獨羅嶰最勝。環嶰境十里而遥爲嶰者，亦不可指數。嶰而曰岕，兩山之介也。羅隱隱此，故名。在小秦王廟後，所以稱廟後羅岕也。洞山之岕，南面陽光，朝旭夕輝，雲滃霧浡，所以味迥别也。

《名勝志》：茗山在蕭山縣西三里，以山中出佳茗也。又上虞縣後山，茶亦佳。

《方輿勝覽》[七]：會稽有日鑄嶺，嶺下有寺，名資壽。其陽坡名油車，朝暮常有日，茶産其地，絶奇。歐陽文忠云：『兩浙草茶，日鑄第一。』

《紫桃軒雜綴》：普陀老僧貽余小白巖茶一裹，葉有白茸，瀹之無色，徐引，覺凉透心腑。僧云：『本巖歲止五六斤，專供大士，僧得啜者寡矣。』

《普陀山志》：茶以白華巖頂者爲佳。

《天台記》：丹丘出大茗，服之生羽翼。

桑莊茹芝《續譜》：天台茶有三品：紫凝、魏嶺、小溪是也。今諸處並無出産，而土人所需，多來自西坑、東陽、黄坑等處。石橋諸山，近亦種茶，味甚清甘，不讓他郡，蓋出自名山霧中，宜其多液而全厚也。但山中多寒，萌發較遲，兼之做法不佳，以此不得取勝。又所産不多，僅足供山居而已。

《天台山志》：葛仙翁茶圃，在華頂峰上。

《群芳譜》：安吉州茶，亦名紫筍。

《通志》：茶山，在金華府蘭溪縣。

《廣輿記》：鳩坑茶，出嚴州府淳安縣。方山茶，出衢州府龍游縣。

勞大與《甌江逸志》：浙東多茶品，雁宕山稱第一。每歲穀雨前三日，採摘茶芽進貢。一槍二旗而白毛者，名曰明茶；穀雨日採者，名雨茶。一種紫茶，其色紅紫，其味尤佳，香氣尤清，又名玄茶，其味皆似天池而稍薄。難種薄收，土人厭人求索，園圃中少種，間有之，亦爲識者取去。

按盧仝《茶經》云：『温州無好茶，天台瀑布水、甌水味薄，唯雁宕山水爲佳。』此茶亦爲第一，曰去腥膩、除煩惱、却昏散、消積食。但以錫瓶貯者，得清香味，不以錫瓶貯者，其色雖不堪觀而滋味且佳，同陽羨山岕茶無二無别。採摘近夏，不宜早；炒做宜熟，不宜生，如法可貯二三年。愈佳愈能消宿食醒酒，此爲最者。

王草堂《茶説》：温州中墺及漈上茶皆有名，性不寒不熱。

屠粹忠《三才藻異》：舉巖，婺茶也。片片方細，煎如碧乳。

《江西通志》：茶山，在廣信府城北，陸羽嘗居此。

洪州西山白露鶴嶺，號絶品，以紫清香城者爲最。及雙井茶芽，即歐陽公所云『石上生茶如鳳爪』者也。又羅漢茶，如荳苗，因靈觀尊者自西山持至，故名。

《南昌府志》：新建縣鵝岡西有鶴嶺，雲物鮮美，草木秀潤，産名茶異於他山。

《通志》：瑞州府出茶芽，廖暹《十咏》呼爲雀舌香焙云。其餘臨江、南安等府俱出茶，廬山亦産茶。

袁州府界橋出茶，今稱仰山、稠平、木平者佳，稠平者尤妙。

贛州府寧都縣出林岕，乃一林姓者以長指甲炒之，採製得法，香味獨絶，因之得名。

《名勝志》：茶山寺，在上饒縣城北三里，按《圖經》，即廣教寺。中有茶園數畝，陸羽泉一勺。羽性嗜茶，環居皆植之，烹以是泉，後人遂以廣教寺爲茶山寺云。宋有茶山居士曾吉甫，名幾，以兄開忤秦檜，奉祠僑居此寺，凡七年，杜門不問世故。

《丹霞洞天志》：建昌府麻姑山產茶，惟山中之茶爲上，家園植者次之。

《饒州府志》：浮梁縣陽府山，冬無積雪，凡物早成，而茶尤殊異。金君卿詩云：『聞雷已薦鷄鳴笋，未雨先嘗雀香茶。』以其地暖故也。

《通志》：南康府出匡茶，香味可愛，茶品之最上者。

九江府彭澤縣九都山出茶，其味略似六安。

《廣輿記》：德化茶，出九江府。又，崇義縣多產茶。

《吉安府志》：龍泉縣匡山有苦齋，章溢所居，四面峭壁，其下多白雲，上多北風，植物之味皆苦。野蜂巢其間，採花蕊作蜜，味亦苦。其茶苦於常茶。

《群芳譜》：太和山騫林茶，初泡極苦澀，至三四泡，清香特異，人以爲茶寶。

《福建通志》：福州、泉州、建寧、延平、興化、汀州、邵武諸府，俱産茶。

《合璧事類》：建州出大片。方山之芽，如紫笋，片大極硬。須湯浸之，方可碾。治頭痛，江東老人多服之。

《天下名山記[八]**》**：鼓山半巖茶，色香，風味當爲閩中第一，不讓虎丘、龍井也。雨前者每兩僅十錢，其價廉甚。一云前朝每歲進貢，至楊文敏當國始奏罷之。然近來官取，其擾甚於進貢矣。

柏巖，福州茶也。巖即柏梁臺。

《興化府志》：仙遊縣出鄭宅茶，真者無幾，大都以贋者雜之，雖香而味薄。

陳懋仁《泉南雜志》：清源山茶，青翠芳馨，超軼天池之上。南安縣英山茶，精者可亞虎丘，惜所産不若清源之多也。閩地氣暖，桃李冬花，故茶較吴中差早。

《延平府志》：棕毛茶，出南平縣半巖者佳。

《建寧府志》：北苑在郡城東，先是建州貢茶首稱北苑龍團，而武夷石乳之名未著。至元時，設場於武夷，遂與北苑並稱。今則但知有武夷，不知有北苑矣。吴越間人頗不足閩茶，而甚艷北苑之名，不知北苑實在閩也。

宋無名氏《北苑别録》：建安之東三十里，有山曰鳳凰，其下直北苑，旁聯[九]諸焙，厥土赤壤，厥茶惟上上。太平興國中，初爲御焙，歲模龍鳳，以羞貢篚，蓋表珍異。慶曆中，漕臺益重其事，品數日增，制度日精。厥今茶自北苑上者，獨冠天下，非人間所可得也。方其春蟲震蟄，群夫雷動，一時之盛，誠爲大觀。故建人謂至建安而不詣北苑，與不至者同。僕因攝事，遂得研究其始末，姑摭其大概，修爲十餘類目，曰《北苑别録》云。

御園：

九窠十二隴　麥窠　壤園　龍游窠

小苦竹　苦竹裏　鷄藪窠　苦竹

苦竹源　鼯鼠窠　教練隴　鳳凰山

大小焊　横坑　猿游隴　張坑

帶園　焙東　中歷　東際

西際　官平　石碎窠　上下官坑

虎膝窠　樓隴　蕉窠　新園

天樓基　院坑　曾坑　黄際

馬安山　林園　和尚園　黄淡窠

吴彦山　羅漢山　水桑窠　銅場

師如園　靈滋　苑馬園　高畬

大窠頭　小山

右四十六所，廣袤三十餘里，自『官平』而上爲内園，『官坑』而下爲外園。方春靈芽萌拆，先民焙十餘日，如九窠十二隴、龍游窠、小苦竹、張坑、西際，又爲禁園之先也。

《東溪試茶録》：舊記建安郡官焙三十有八。丁氏舊録云：『官私之焙，千三百三十有六。』而獨記官焙三十二。東山之焙十有四：北苑龍焙一，乳橘内焙二，乳橘外焙三，重院四，壑嶺五，渭源六，范源七，蘇口八，東宫九，石坑十，建[一〇]溪十一，香口十二，火梨十三，開山十四。南溪之焙十有二：下瞿一，濛洲東二，汾東三，南溪四，斯源五，小香六，際會七，謝坑八，沙龍九，南鄉十，中瞿十一，黄熟十二。西溪之焙四：慈善西一，慈善東二，慈惠三，船坑四。北山之焙二：慈善東一，豐樂二。外有曾坑、石坑、壑源、葉源、佛嶺、沙溪等處。惟壑源之茶，甘香特勝。

茶之名有七：一曰白茶，民間大重，出於近歲，園焙時有之。地不以山川遠近，發不以社之先後。芽葉如紙，民間以爲茶瑞，取其第一者爲鬥茶。次曰柑葉茶，樹高丈餘，徑頭七八寸，葉厚而圓，狀如柑橘之葉，其芽發即肥乳，長二寸許，爲食茶之上品。三曰早茶，亦類柑葉，發常先春，民間採以爲試焙者。四曰細葉茶，葉比柑葉細薄，樹高者五六尺，芽短而不肥乳，今生沙溪山中，蓋土薄而不茂也。五曰稽茶，葉細而厚密，芽晚而青黄。六曰晚茶，蓋稽茶之類，發比諸茶較晚，生於社後。七曰叢茶，亦曰叢生茶，高不數尺，一歲之間發者數四，貧民取以爲利。

《品茶要録》：婺源、沙溪，其地相背，而中隔一嶺，其去無數里之遥，然茶産頓殊。有能出力移栽植之，亦爲風土所化。竊嘗怪茶之爲草，一物耳，其勢必猶得地而後異。豈水絡地脉偏鍾粹於婺源，而御焙占此大岡巍隴，神物伏護，得其餘蔭耶？何其甘芳精至而美擅天下也。觀夫春雷一鳴，筠籠纔起，售者已擔簦挈橐於其門，或先期而散留金錢，或茶纔入笪而争酬所直。故婺源之茶，常不足客所求。其有桀猾之園民，陰取沙溪茶葉雜就家棬而製之，人耳其名，睨其規模之相若，不能原其實者，蓋有之矣。凡婺源之茶售以十，則沙溪之茶售以五，其直大率做此。然沙溪之園民，亦勇於覔利，或雜以松黄，飾以首面。凡肉理怯薄，體輕而色黄者，試時鮮白，不能久泛，香薄而味短者，沙溪之品也。凡肉理實厚，質體堅而色紫，試時泛盞凝久，香滑而味長者，壑源之品也。

《**潛確類書**》：歷代貢茶以建寧爲上，有龍團、鳳團、石乳、滴乳、緑昌明、頭骨、次骨、末骨、鹿骨、山挺等名，而密雲龍最高，皆碾屑作餅。至國朝始用芽茶，曰探春，曰先春，曰次春，曰紫笋，而龍鳳團皆廢矣。

《**名勝志**》：北苑茶園，屬甌寧縣。舊《經》云：『僞閩龍啓中里人張暉，以所居北苑地宜茶，悉獻之官，其名始著。』

《**三才藻異**》：石巖白，建安能仁寺茶也，生石縫間。

建寧府屬浦城縣江郎山出茶，即名江郎茶。

《**武夷山志**》：前朝不貴閩茶，即貢者亦只備宫中浣濯甌盞之需。貢使類以價，貨京師所有者納之。間有採辦，皆劍津廖地産，非武夷也。黄冠每市山下茶，登山貿之，人莫能辨。

茶洞在接笋峰側，洞門甚隘，内境夷曠，四週皆穹崖壁立。土人種茶，視他處爲最盛。

崇安殷令招黄山僧以松蘿法製建茶，真堪並駕，人甚珍之，時有『武夷松蘿』之目。

王梓《茶説》：武夷山週迴百二十里，皆可種茶。茶性，他産多寒，此獨性温。其品有二：在山者爲巖茶，上品；在地者爲洲茶，次之。香清濁不同，且泡時巖茶湯白，洲茶湯紅，以此爲别。雨前者爲頭春，稍後爲二春，再後爲三春。又有秋中採者，爲秋露白，最香。須種植、採摘、烘焙得宜，則香味兩絶。然武夷本石山，峰巒載土者寥寥，故所産無幾。若洲茶，所在皆是，即鄰邑近多栽植，運至山中及星村墟市賈售，皆冒充武夷。更有安溪所產，尤爲不堪。或品嘗其味，不甚貴重者，皆以假亂真誤之也。至於蓮子心、白毫，皆洲茶，或以木蘭花熏成欺人，不及巖茶遠矣。

張大復《梅花筆談》：《經》云：『嶺南生福州、建州。』今武夷所產，其味極佳，蓋以諸峰拔立，正陸羽所云『茶上者生爛石中』者耶！

《草堂雜録》：武夷山有三味茶，苦酸甜也，別是一種，飲之味果屢變，相傳能解酲消脹。然採製甚少，售者亦稀。

《隨見録》：武夷茶，在山上者爲巖茶，水邊者爲洲茶。巖茶爲上，洲茶次之。巖茶，北山者爲上，南山者次之。南北兩山，又以所產之巖名爲名，其最佳者，名曰工夫茶。工夫之上，又有小種，則以樹名爲名。每株不過數兩，不可多得。洲茶名色，有蓮子心、白毫、紫毫、龍鬚、鳳尾、花香、蘭香、清香、奥香、選芽、漳芽等類。

《廣輿記》：泰寧茶，出邵武府。

福寧州大姥山出茶，名緑雪芽。

《湖廣通志》：武昌茶，出通山者上，崇陽蒲圻者次之。

《廣輿記》：崇陽縣龍泉山，周二百里。山有洞，好事者持炬而入，行數十步許，坦平如室，可容千百衆。石渠流泉清冽，鄉人號曰魯溪。巖産茶，甚甘美。

《天下名勝志》：湖廣江夏縣洪山，舊名東山，《茶譜》云：『鄂州東山出茶，黑色如韭，食之已頭痛。』

《武昌郡志》：茗山在蒲圻縣北十五里，産茶。又大冶縣亦有茗山。

《荆州〔一二〕土地記》：武陵七縣通出茶，最好。

《岳陽風土記》：灉湖諸山舊出茶，謂之灉湖茶。李肇所謂『岳州灉湖之含膏』是也。唐人極重之，見於篇什。今人不甚種植，惟白鶴僧園有千餘本。土地頗類北苑，所出茶一歲不過一二十斤，土人謂之白鶴茶，味極甘香，非他處草茶可比並，茶園地色亦相類，但土人不甚植爾。

《通志》：長沙茶陵州，以地居茶山之陰，因名。昔炎帝葬於茶山之野。茶山即雲陽山，其陵谷間多生茶茗故也。

長沙府出茶，名安化茶。辰州茶，出溆浦。郴州亦出茶。

《類林新咏》：長沙之石楠葉，摘芽爲茶，名欒茶，可治頭風。湘人以四月四日摘楊桐草，搗其汁拌米而蒸，猶糕糜之類，必啜此茶，乃去風也，尤宜暑月飲之。

《合璧事類》：潭郡之間有渠江，中出茶，而多毒蛇猛獸，鄉人每年採擷不過十五六斤。其色如鐵，而芳香異常，烹之無脚。

湘潭茶，味略似普洱，土人名曰芙蓉茶。

《茶事拾遺》：潭州有鐵色，夷陵有壓磚。

《通志》：靖州出茶油。蘄水有茶山，産茶。

《河南通志》：羅山茶，出河南汝寧府信陽州。

《桐柏山志》：瀑布山，一名紫凝山，産大葉茶。

《山東通志》：兖州府費縣蒙山石巔，有花如茶，土人取而製之，其味清香，迥異他茶，貢茶之異品也。

《輿志》：蒙山一名東山，上有白雲巖産茶，亦稱蒙頂。王草堂云：乃石上之苔爲之，非茶類也。

《廣東通志》：廣州韶州南雄、肇慶各府及羅定州，俱産茶。西樵山在郡城西一百二十里，峰巒七十有二，唐末詩人曹松移植顧渚茶於此，居人遂以茶爲生業。

韶州府曲江縣曹溪茶，歲可三四採，其味清甘。

潮州大埔縣、肇慶恩平縣，俱有茶山。德慶州有茗山，欽州靈山縣亦有茶山。

吴陳琰《曠園雜志》：端州白雲山出雲獨奇，山故蒔茶在絶壁，歲不過得一石許，價可至百金。

王草堂《雜録》：粤東珠江之南産茶，曰河南茶。潮陽有鳳山茶，樂昌有毛茶，長樂有石茗，瓊州有靈茶、烏藥茶云。

《嶺南雜記》：廣南出苦䔲茶，俗呼爲苦丁，非茶也。茶大如掌，一片入壺，其味極苦，少則反有甘味，噙嚥利咽喉之症，功並山荳根。

化州有琉璃茶，出琉璃庵。其産不多，香與峒岕相似。僧人奉客，不及一兩。

羅浮有茶，産於山頂石上，剥之如蒙山之石茶，其香倍於廣岕，不可多得。

《南越志》：龍川縣出皋盧，味苦澀，南海謂之過盧。

《陝西通志》：漢中府興安州等處産茶，如金州、石泉、漢陰、平利、西鄉諸縣各有茶園，他郡則無。

《四川通志》：四川産茶州縣凡二十九處，成都府之資陽、安縣、灌縣、石泉、崇慶等；重慶府之南川、黔江、酆都、武隆、彭水等；夔州府之建始、開縣等；及保寧府、遵義府、嘉定州、瀘州、雅州、烏蒙等處。東川茶有神泉、獸目，邛州茶曰火井。

《華陽國志》：涪陵無蠶桑，惟出茶、丹漆、蜜蠟。

《南方草木狀》：蒙頂茶受陽氣全，故芳香。唐李德裕入蜀得蒙餅，以沃於湯瓶之上，移時盡化，乃驗其真蒙頂。又有五花茶，其片作五出。

毛文錫《茶譜》：蜀州晉原、洞口、横原、珠江、青城，有横芽、雀舌、鳥觜、麥顆，蓋取其嫩芽所造以形似之也。又有片甲、蟬翼之異。片甲者，早春黄芽，其葉相抱如片甲也；蟬翼者，其葉嫩薄如蟬翼也，皆散茶之最上者。

《東齋紀事》：蜀雅州蒙頂産茶，最佳。其生最晚，每至春夏之交始出，常有雲霧覆其上者，若有神物護持之。

《群芳譜》：峽州茶有小江園、碧磵寮、明月房、茱萸寮等。

陸平泉《茶寮記事》：蜀雅州蒙頂上有火前茶，最好，謂禁火以前採者。後者謂之火後茶，有露芽、穀芽之名。

《述異記》：巴東有真香茗，其花白色如薔薇，煎服令人不眠，能誦無忘。

《廣輿記》：峨嵋山茶，其味初苦而終甘。又瀘州茶可療風疾。又有一種烏茶，出天全六番招討使司境内。

王新城《隴蜀餘聞》：蒙山在名山縣西十五里，有五峰，最高者曰上清峰。其巔一石大如數間屋，有茶七株，生石上，無縫罅，云是甘露大師手植。每茶時葉生，智炬寺僧輒報有司往視。籍記其葉之多少，採製纔得數錢許。明時貢京師僅一錢有奇。環石别有數十株，曰陪茶，則供藩府諸司之用而已。其旁有泉，恒用石覆之，味精妙，在惠泉之上。

《雲南記》：名山縣出茶，有山曰蒙山，聯延數十里，在西南。按《拾遺志》、《尚書》所謂『蔡蒙旅平』者，蒙山也，在雅州。凡蜀茶盡在此。

《雲南通志》：茶山，在元江府城西北普洱界。太華山，在雲南府西，產茶色似松蘿，名曰太華茶。

普洱茶，出元江府普洱山，性温味香。兒茶，出永昌府，俱作團。又感通茶，出大理府點蒼山感通寺。

《續博物志》：威遠州即唐南詔銀生府之地，諸山出茶，收採無時，雜椒薑烹而飲之。

《廣輿記》：雲南廣西府出茶。又灣甸州出茶，其境内孟通山所產，亦類陽羨茶，穀雨前採者香。

曲靖府出茶子，叢生，單葉，子可作油。

許鶴沙《滇行紀程》：滇中陽山茶，絶類松蘿。

《天中記》：容州黄家洞出竹茶，其葉如嫩竹，土人採以作飲，甚甘美。廣西容縣，唐容州。

《貴州通志》：貴陽府產茶，出龍里東苗坡及陽寶山，土人製之無法，味不佳。近亦有採芽以造者，稍可供啜。威寧府茶，出平遠，產巖間，以法製之，味亦佳。

《地圖綜要》：貴州新添軍民衛產茶，平越軍民衛亦出茶。

《研北雜志》：交趾出茶，如緑苔，味辛烈，名曰登。北人重譯，名茶曰釵。[二]

【注】

[一]劍南：底本作『南劍』。

[二]底本無『有』字。

［三］紀：底本作『記』。
［四］底本無『岕』字。
［五］王：底本作『主』。
［六］龍：底本作『雲』。
［七］勝覽：底本作『覽勝』。
［八］天下名山記：底本作『謝肇淛《五雜組》』。
［九］聯：底本作『欄』。
［一〇］建：底本作『連』。
［一一］州：底本作『江』。
［一二］底本無『北人重譯，名茶曰釵』。

續茶經卷下之五

九之略

茶事著述名目

《茶經》三卷，唐太子文學陸羽撰。

《茶記》三卷，前人。見《國史·經籍志》。

《顧渚山記》二卷，前人。

《煎茶水記》一卷，江州刺史張又新撰。

《採茶録》三卷，温庭筠撰。

《補茶事》，太原温從雲、武威段碣之。

《茶訣》三卷，釋皎然撰。

《茶述》，裴汶。
《茶譜》一卷，僞蜀毛文錫。
《大觀茶論》二十篇，宋徽宗撰。
《建安茶録》三卷，丁謂撰。
《試茶録》二卷，蔡襄撰。
《進茶録》一卷，前人。
《品茶要録》一卷，建安黄儒撰。
《建安茶記》一卷，吕惠卿撰。
《北苑拾遺》一卷，劉异撰。
《北苑煎茶法》，前人。
《東溪試茶録》，宋子安集，一作朱子安。

《補茶經》一卷，周絳撰。

又一卷，前人。

《北苑總録》十二卷，曾伉録。

《茶山節對》一卷，攝衢州長史蔡宗顔撰。

《茶譜遺事》一卷，前人。

《宣和北苑貢茶録》，建陽熊蕃撰。

《宋朝茶法》，沈括。

《茶論》，前人。

《北苑别録》一卷，趙汝礪撰。

《北苑别録》，無名氏。

《造茶雜録》，張文規。

《茶雜文》一卷，集古今詩及茶者。

《壑源茶録》，一卷，章炳文。

《北苑別録》，熊克。

《龍焙美成茶録》，范逵。

《茶法易覽》十卷，沈立。

《建茶論》，羅大經。

《煮茶泉品》，葉清臣。

《十友譜·茶譜》，失名。

《品茶》一篇，陸魯山。

《續茶譜》，桑莊茹芝。

《茶録》，張源。

《煎茶七類》，徐渭。

《茶寮記》，陸樹聲。

《茶譜》，顧元慶。

《茶具圖》一卷，前人。

《茗笈》，屠本畯。

《茶録》，馮時可。

《岕山茶記》，熊明遇。

《茶疏》，許次杼。

《八箋·茶譜》，高濂。

《煮泉小品》，田藝蘅。

《茶箋》，屠隆。

《岕茶箋》，馮可賓。

《峒山茶系》，周高起伯高。

《水品》，徐獻忠。

《竹嬾茶衡》，李日華。

《茶解》，羅廩。

《松寮茗政》，卜萬祺。

《茶譜》，錢友蘭翁。

《茶集》一卷，胡文煥。

《茶記》，吕仲吉。

《茶箋》，聞龍。

《岕茶别論》，周慶叔。

《茶董》，夏茂卿。

《茶説》，邢士襄。

《茶史》，趙長白。

《茶説》，吴從先。

《武夷茶説》，袁仲儒。

《茶譜》，朱碩儒。見《黄輿堅集》。

《岕茶彙鈔》，冒襄。

《茶考》，徐𤊹。

《群芳譜·茶譜》，王象晋。

《佩文齋廣群芳譜·茶譜》。

詩文名目

杜育[一]《荈賦》。

顧况《茶賦》。

吴淑《茶賦》。

李文簡《茗賦》。

梅堯臣《南有佳茗賦》。

黄庭堅《煎茶賦》。

程宣子《茶銘》。

曹暉《茶銘》。

蘇廙《仙芽傳》。

湯悦《森伯傳》。

蘇軾《葉嘉傳》。

支廷訓《湯藴之傳》。

徐巖泉《六安州茶居士傳》。

吕温《三月三日茶晏序》。

熊禾《北苑茶焙記》。

趙孟頫《武夷山茶場記》。

暗都剌《喊山臺記》。

文德翼《廬山免給茶引記》。

茅一相《茶譜序》。

清虚子《茶論》。

何恭《茶議》。

汪可立《茶經後序》。

吴旦《茶經跋》。

童承叙《論茶經書》。

趙觀《煮泉小品序》。

詩文摘句

《合璧事類·龍溪除起宗制》有云：必能爲我講摘山之制，得充厩之良。

胡文恭《行孫諮制》有云：領算商車，典領茗軸。

唐武元衡有《謝賜新火及新茶表》。劉禹錫、柳宗元有《代武中丞謝賜新茶表》。

韓翃《爲田神玉謝賜茶表》，有『味足蠲邪，助其正直；香堪愈疾，沃以勤勞。吳主禮賢，方聞置茗；晋臣愛客，纔有分茶』之句。

《宋史》：李稷重秋葉、黄花之禁。

宋《通商茶法詔》，乃歐陽修代筆。《代福建提舉茶事謝上表》，乃洪邁筆。

謝宗《謝茶啓》：比丹丘之仙芽，勝烏程之御荈。不止味同露液，白況霜華。豈可爲酪蒼頭，便應代酒從事。

《茶榜》：雀舌初調，玉碗分時茶思健；龍團搥碎，金渠碾處睡魔降。

劉言史《與孟郊洛北野泉上煎茶》，有詩。

僧皎然《尋陸羽不遇》，有詩。

白居易有《睡後茶興憶楊同州》詩。

皇甫曾有《送陸羽採茶》詩。

劉禹錫《石園蘭若試茶歌》有云：欲知花乳清冷味，須是眠雲跂石人。

鄭谷《峽中嘗茶》詩：入座半甌輕泛緑，開緘數片淺含黄。
杜牧《茶山》詩：山實東南秀，茶稱瑞草魁。
施肩吾詩：茶爲滌煩子，酒爲忘憂君。
秦韜玉有《採茶歌》。
顔真卿有《月夜啜茶聯句》詩。
司空圖詩：碾盡明昌幾角茶。
李群玉詩：客有衡山隱，遺余石廩茶。
李郢《酬友人春暮寄枳花茶》詩。
蔡襄有《北苑茶壟採茶造茶試茶詩》五首。
《朱熹集·香茶供養黄柏長老悟公塔》，有詩。
文公《茶坂》詩：携籯北嶺西，採葉供茗飲。一啜夜窗寒，跏趺謝衾枕。

蘇軾有《和錢安道寄惠建茶》詩。

《坡仙食飲録》：有《問大冶長老乞桃花茶栽》詩。

《韓駒集·謝人送鳳團茶》詩：白髮前朝舊史官，風爐煮茗暮江寒。蒼龍不復從天下，拭泪看君小鳳團。

蘇轍有《咏茶花詩》二首，有云：細嚼花鬚味亦長，新芽一粟葉間藏。

孔平仲《夢錫惠墨答以蜀茶》，有詩。

岳珂《茶花盛放滿山》詩有：『潔躬淡薄隱君子，苦口森嚴大丈夫』之句。

《趙抃集·次謝許少卿寄卧龍山茶》詩，有『越芽遠寄入都時，酬唱争誇互見詩』之句。

文彦博詩：舊譜最稱蒙頂味，露芽雲液勝醍醐。

張文規詩：『明月峽中茶始生。』明月峽與顧渚聯屬，茶生其間者，尤爲絶品。

孫覿有《飲修仁茶》詩。

韋處厚《茶嶺》詩：顧渚吴霜絶，蒙山蜀信稀。千叢因此始，含露紫茸肥。

《周必大集·胡邦衡生日以詩送北苑八銙日注二瓶》：『賀客稱觴滿冠霞，懸知酒渴正思茶。尚書八餅分閩焙，主薄雙瓶揀越芽。』又有《次韻王少府送焦坑茶》詩。

陸放翁詩：寒泉自换菖蒲水，活火閑煎橄欖茶。又《村舍雜書》：東山石上茶，鷹爪初脱韝。雪落紅絲磑，香動銀毫甌。爽如聞至言，餘味終日留。不知葉家白，亦復有此否。

劉詵詩：鸕鷀茶香堪供客，荼蘼酒熟足娱親。

王禹偁《茶園》詩：茂育知天意，甄收荷主恩。沃心同直諫，苦口類嘉言。

《梅堯臣集·宋著作寄鳳茶》詩：團爲蒼玉璧，隱起雙飛鳳。獨應近日頒，豈得常寮共。又《李求仲寄建溪洪井茶七品》云：忽有西山使，始遺七品茶。末品無水暈，六品無沈柤。五品散雲脚，四品浮粟花。三品若瓊乳，二品罕所加。絶品不可議，甘香焉等差。又《答宣城梅主簿遺鴉山茶》詩云：昔觀唐人詩，茶咏鴉山嘉。鴉銜茶子生，遂同山名鴉。又有《七寶茶》詩云：七物甘香雜蕊茶，浮花泛緑亂於霞。啜之始覺君恩重，休作尋常一等誇。又《吴正仲餉新茶》《沙門穎公遺碧霄峰茗》，俱有吟咏。

戴復古《謝史石窗送酒并茶》詩曰：遺來二物應時須，客子行厨用有餘。午困政需茶料理，春愁全仗酒消除。

費氏《宫詞》：近被宫中知了事，每來隨駕使煎茶。

楊廷秀有《謝木舍人送講筵茶》詩。

葉適有《寄謝王文叔送真日鑄茶》詩云：誰知真苦澀，黯淡發奇光。

杜本《武夷茶》詩：春從天上來，嘘咈通寰海。納納此中藏，萬斛珠蓓蕾。

劉秉忠《嘗雲芝茶》詩云：鐵色皺皮帶老霜，含英咀美入詩腸。

高啓有《月團茶歌》，又有《茶軒》詩。

楊慎有《和章水部沙坪茶歌》，沙坪茶出玉壘關外寶唐山。

董其昌《贈煎茶僧》詩：怪石與枯槎，相將度歲華。鳳團雖貯好，只喫趙州茶。

婁堅有《花朝醉後爲女郎題品泉圖》詩。

程嘉燧有《虎丘僧房夏夜試茶歌》。

《南宋雜事詩》云：六一泉烹雙井茶。

朱隗《虎丘竹枝詞》：官封茶地雨前開，皂隸衙官攬似雷。近日正堂偏體貼，監茶不遣掾曹來。

綿津山人《漫堂咏物》有《大食索耳茶杯》詩云：粵香泛永夜，詩思來悠然。注：武夷有粵香茶。

薛熙《依歸集》有《朱新庵今茶譜序》。

【注】

［一］杜育：底本作『杜毓』。

續茶經卷下之六

十之圖

歷代圖畫書目

唐張萱有《烹茶士女圖》，見《宣和畫譜》。

唐周昉寓意丹青，馳譽當代，宣和御府所藏有《烹茶圖》一。

五代陸滉《烹茶圖》一，宋中興館閣儲藏。

宋周文矩有《火龍烹茶圖》四，《煎茶圖》一。

宋李龍眠有《虎阜採茶圖》，見題跋。

宋劉松年絹畫《盧仝煮茶圖》一卷，有元人跋十餘家。范司理龍石藏。

王齊翰有《陸羽煎茶圖》，見王世懋《澹園畫品》。

董逌《陸羽點茶圖》，有跋。

元錢舜舉畫《陶學士雪夜煮茶圖》，在焦山道士郭第處，見詹景鳳《東岡玄覽》。

史石窗名文卿，有《煮茶圖》，袁桷作《煮茶圖詩序》。

馮璧有《東坡海南烹茶圖并詩》。

嚴氏《書畫記》，有杜檉居《茶經圖》。

汪珂玉《珊瑚網》，載《盧仝烹茶圖》。

明文徵明有《烹茶圖》。

沈石田有《醉茗圖》，題云：酒邊風月與誰同，陽羨春雷醉耳聾。七碗便堪酬酩酊，任渠高枕夢周公。

沈石田有《爲吴匏庵寫虎丘對茶坐雨圖》。

《淵鑒齋書·畫譜》，陸包山治有《烹茶圖》。

補元趙松雪有《宮女啜茗圖》，見《漁洋詩話·劉孔和詩》。

茶具十二圖

韋鴻臚

贊曰：祝融司夏，萬物焦爍，火炎昆岡，玉石俱焚，爾無與焉。乃若不使山谷之英墮於塗炭，子與有力矣。上卿之號，頗著微稱。

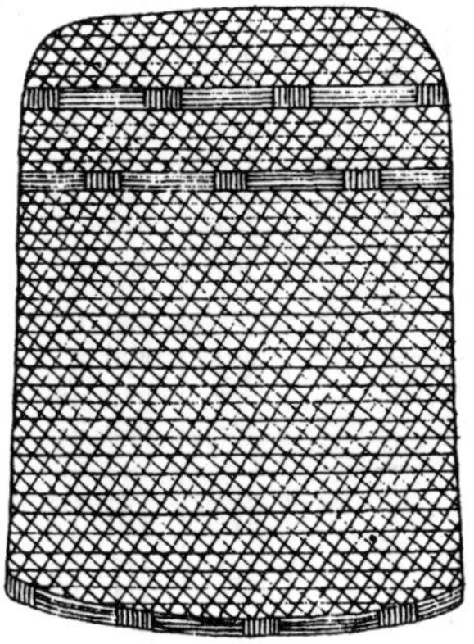

韋鴻臚

木待制

上應列宿，萬民以濟，秉性剛直，摧折强梗，使隨方逐圓之徒，不能保其身，善則善矣，然非佐以法曹，資之樞密，亦莫能成厥功。

金法曹

柔亦不茹，剛亦不吐，圓機運用，一皆有法，使强梗者不得殊軌亂轍，豈不韙與？

木待制

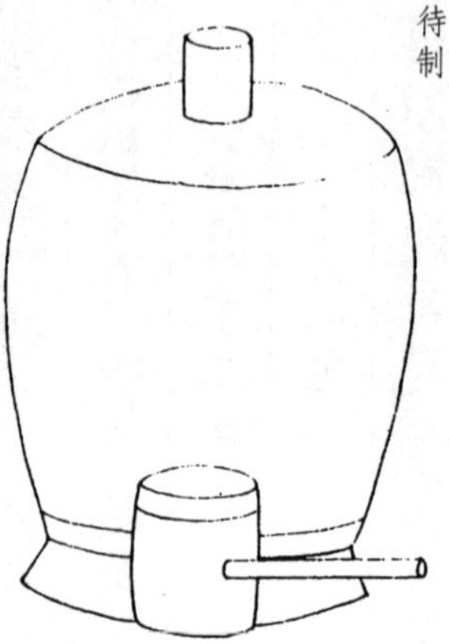

金法曹

石轉運

抱堅質，懷直心，嚌嚅英華，周行不怠，斡摘山之利，操漕權之重，循環自常，不捨正而適他，雖没齒無怨言。

胡員外

周旋中規而不逾其間，動静有常而性苦其卓，鬱結之患悉能破之。雖中無所有，而外能研究，其精微不足以望圓機之士。

石轉運

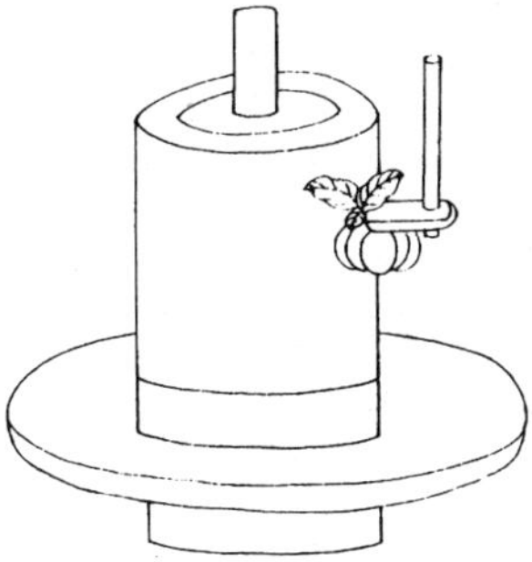

胡員外

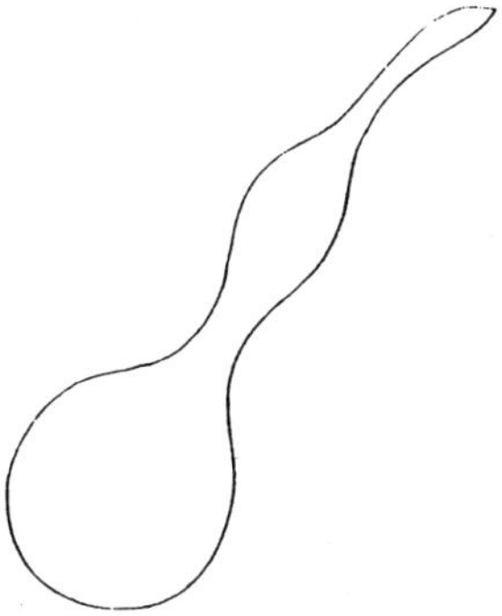

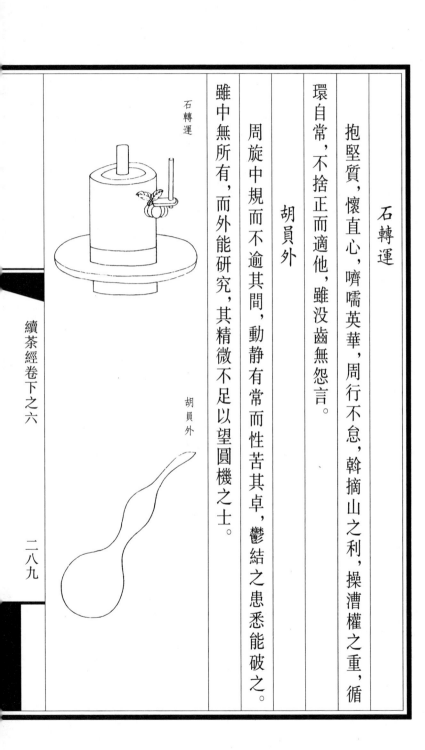

羅樞密

機事不密，則害成。今高者抑之，下者揚之，使精粗不致於混淆，人其難諸？奈何矜細行而事喧嘩，惜之。

宗從事

孔門高弟，當灑掃應對事之末者，亦所不棄。又况能萃其既散，拾其已遺，運寸毫而使邊塵不飛，功亦善哉。

羅樞密

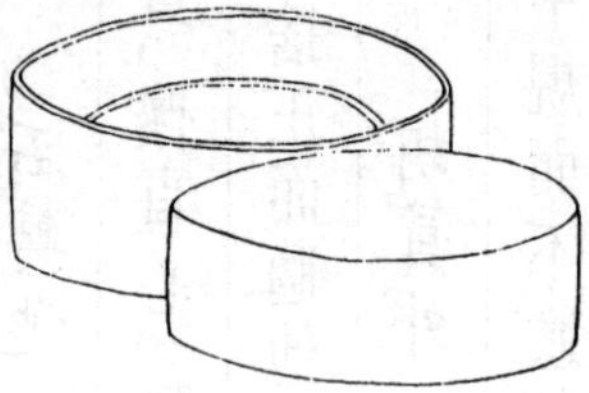

宗從事

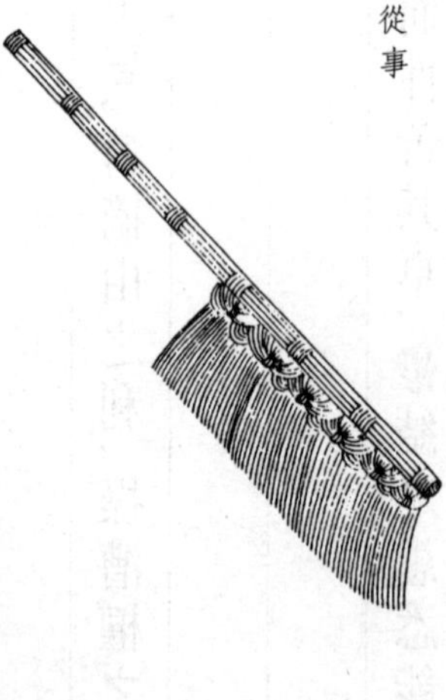

漆雕秘閣

危而不持，顛而不扶，則吾斯之未能信。以其弭執熱之患，無坳堂之覆，故宜輔以寶文而親近君子。

陶寶文

出河濱而無苦窳，經緯之象，剛柔之理，炳其繃中，虚己待物，不飾外貌，位[一]高秘閣，宜無愧焉。

漆雕秘閣

陶寶文

湯提點

養浩然之氣，發沸騰之聲，以執中之能，輔成湯之德。斟酌賓主間，功邁仲叔圉，然未免外爍之憂，復有內熱之患，奈何？

竺副帥

首陽餓夫，毅諫於兵沸之時，方今鼎揚湯，能探其沸者幾希，子之清節，獨以身試，非臨難不顧者疇見爾。

湯提點

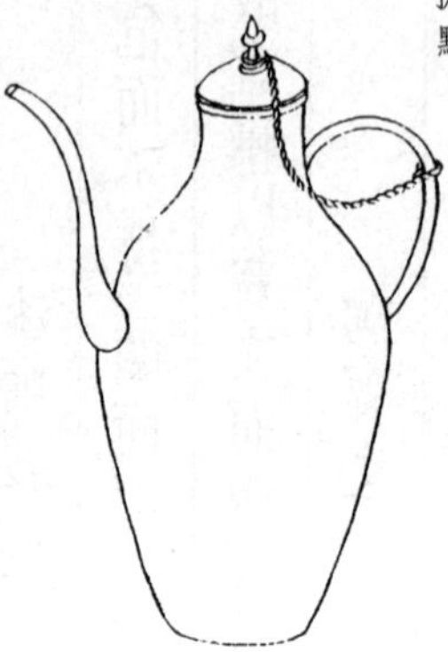

竺副帥

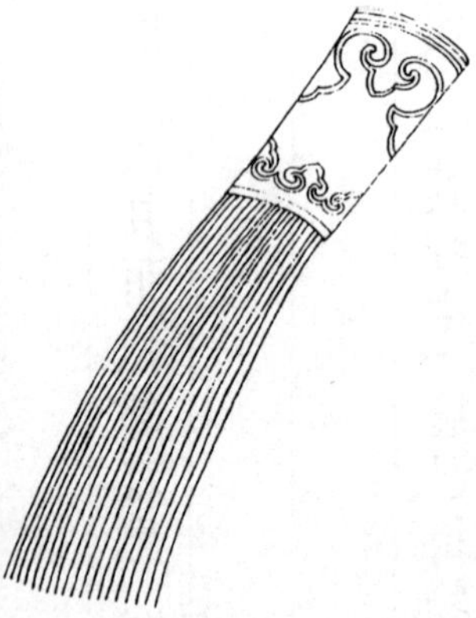

司職方

互鄉童子，聖人猶與其進，況端方質素，經緯有理，終身涅而不緇者，此孔子所以與潔也。

竹爐並分封茶具六事

苦節君

銘曰：肖形天地，匪冶匪陶，心存活火，聲帶湘濤，一滴甘露，滌我詩腸，清風兩腋，洞然八荒。

司職方

苦節君

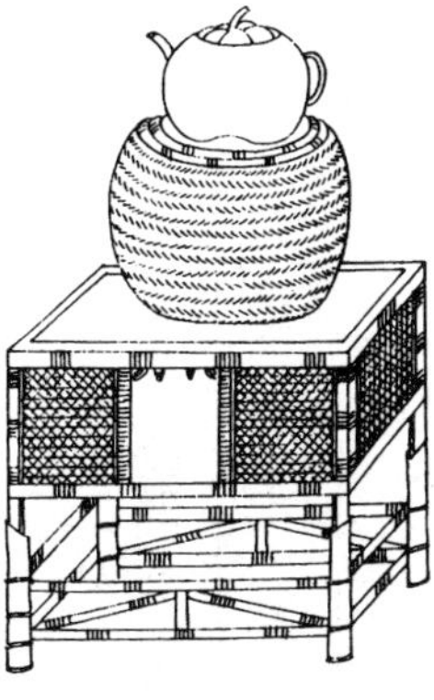

苦節君行省

茶具六事，分封悉貯於此，侍從苦節君於泉石山齋亭館間執事者，故以行省名之。陸鴻漸所謂都籃者，此其是與。

建城

茶宜密裹，故以箬籠盛之，今稱建城。按《茶録》云：建安民間以茶爲尚，故據地以城封之。

苦節君行省

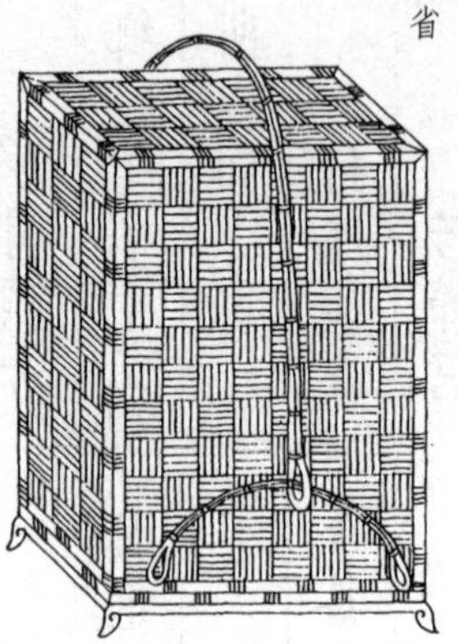

建城

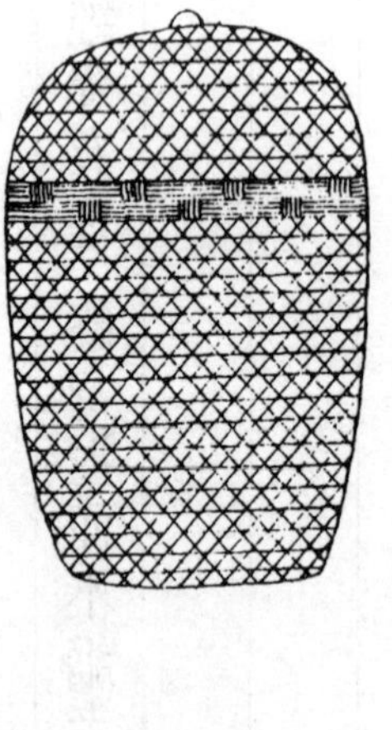

雲屯

泉汲於雲根，取其潔也。今名雲屯，蓋雲即泉也，貯得其所；雖與列職諸君同事，而獨屯於斯，豈不清高絶俗而自貴哉。

烏府

炭之爲物，貌玄性剛，遇火則威靈氣焰，赫然可畏。苦節君得此甚利於用也。况其别號烏銀，故特表章其所藏之具曰烏府，不亦宜哉！

雲屯

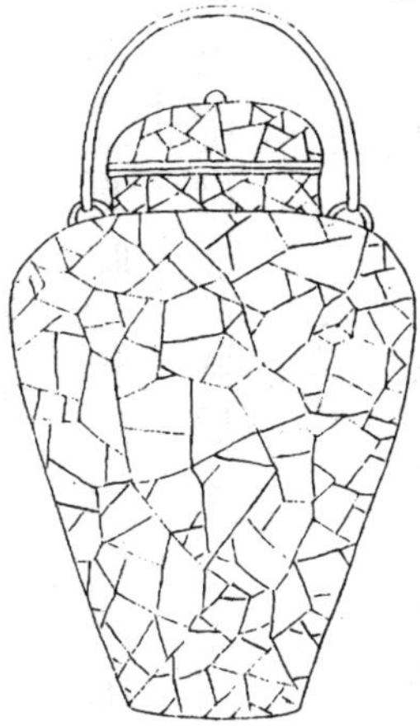

烏府

水曹

茶之真味，蘊諸旗槍之中，必浣之以水而後發也。凡器物用事之餘，未免殘瀝微垢，皆賴水沃盥，因名其器曰水曹。

器局

一應茶具，收貯於器局。供役苦節君者，故立名管之。

水曹

器局

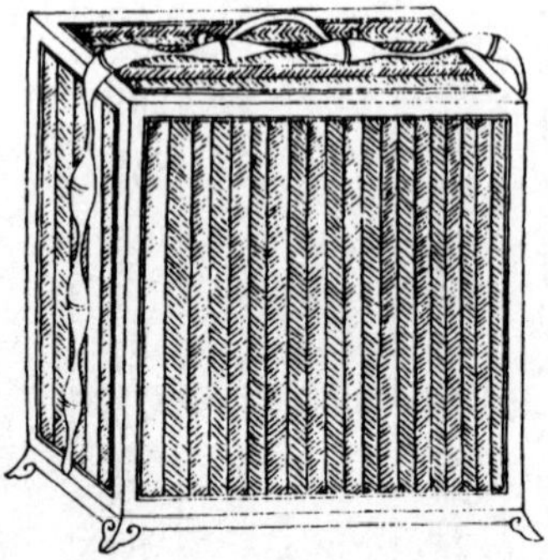

品司

茶欲啜時，入以笋、欖、瓜仁、芹蒿之屬，則清而且佳，因命湘君設司檢束。

羅先登《續文房圖贊》

玉川先生

毓秀蒙頂，蜚英玉川，搜攬胸中書傳五千，儒素家風，清淡滋味，君子之交，其淡如水。

品司

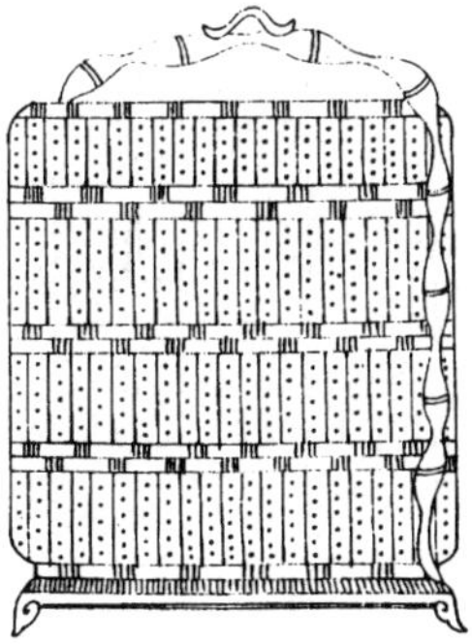

玉川先生

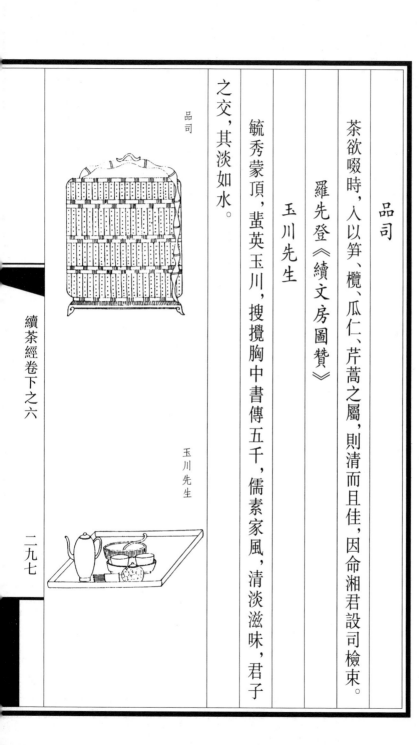

【注】

［一］位：底本作『休』。

續茶經附録

茶法

《唐書》：德宗納户部侍郎趙贊議，税天下茶、漆、竹、木，十取一以爲常平本錢。及出奉天，乃悼悔，下詔亟罷之。及朱泚平，佞臣希意興利者益進。貞元八年，以水災減税。明年，諸道鹽鐵使張滂奏：出茶州縣若山及商人要路，以三等定估，十税其一；自是歲得錢四十萬緡。穆宗即位，鹽鐵使王播圖寵以自幸，乃增天下茶税，率百錢增五十。天下茶加斤至二十兩，播又奏加取焉。右拾遺李珏上疏謂：『榷率本濟軍興，而税茶自貞元以來方有之，天下無事，忽厚斂以傷國體，一不可；茗爲人飲，鹽粟同資，若重税之，售必高，其弊先及貧下，二不可；山澤之産無定數，程斤論稅，以售多爲利，若騰價則市者寡，其稅幾何？三不可。』其後王涯判二使，置榷茶使，徙民茶樹於官場，焚其舊積者，天下大怨。令狐楚代爲鹽鐵使兼榷茶使，復令納榷，加價而已。李石爲相，以茶稅皆歸鹽鐵，復貞元之制。武宗即位，崔珙又增江淮茶稅。是時，茶商所過州縣有重稅，或奪掠舟車，露積雨中。諸道置邸以收稅，謂之踏地錢。大中初，轉運使裴休著條約，私鬻如法論罪，天下稅茶增倍貞元。江淮茶爲大模，一斤至五十兩，諸道鹽鐵使于悰，每斤增稅[一]錢五，謂之剩茶錢，自是斤兩復舊。

元和十四年，歸光州茶園於百姓，從刺史房克讓之請也。

裴休領諸道鹽鐵轉運使，立稅茶十二法，人以爲便。

藩鎮劉仁恭禁南方茶，自擷山爲茶，號山曰『大恩』以邀利。

何易于爲益昌令鹽鐵官，榷取茶利詔下，所司毋敢隱。易于視詔曰：

『益昌人不徵茶且不可活，矧厚賦毒之乎！』命吏閣詔。吏曰：『天子詔，何敢拒？吏坐死，公得免竄耶？』易于曰：『吾敢愛一身移暴於民乎？亦不使罪及爾曹。』即自焚之，觀察使素賢之，不劾也。

陸贄爲宰相，以賦役煩重，上疏云：『天灾流行四方，代有税茶錢積户部者，宜計諸道户口均之。』

《**五代史**》：楊行密，字化源，議出鹽、茗，俾民輸帛幕府。高勖曰：『創破之餘，不可以加斂，且帑貲何患不足。若悉我所有，以易四鄰所無，不積財而自有餘矣。』行密納之。

《**宋史**》：榷茶之制，擇要會之地，曰江陵府，曰真州，曰海州，曰漢陽軍，曰無爲軍，曰蘄之蘄口，爲榷貨務六。初，京城、建安、襄、復州皆有務，後建安、襄、復之務廢，京城務雖存，但會給交鈔往還而不積茶貨。在淮南則蘄、黄、廬、舒、光、壽六州，官自爲場，置吏總之[二]，謂之山場者十三。六州採茶之民皆隸焉，謂之園户。歲課作茶輸租，餘則官悉市之，總爲歲課八百六十五萬餘斤。其出鬻者，皆就本場。在江南則宣、歙、江、池、饒、信、洪、撫、筠、袁十州，廣德、興國、臨江、建昌、南康五軍。兩浙則杭、蘇、明、越、婺、處、温、台、湖、常、衢、睦十二州。荆湖則江陵府，潭、澧、鼎、鄂、岳、歸、峽七州，荆門軍。福建則建、劍二州。歲如山場輸租折税，總爲歲課，江南百二十七萬餘斤，兩浙百二十七萬九千餘斤，荆湖二百四十七萬餘斤，福建三十九萬三千餘斤，悉送六榷貨務鬻之。

茶有二類：曰片茶，曰散茶。片茶蒸造，實棬模中串之；唯建、劍則既蒸而研，編竹爲格，置焙室中，最爲精潔，他處不能造。有龍、鳳、石乳、白乳之類十二等，以充歲貢及邦國之用。其出虔、袁、饒、池、光、歙、潭、岳、辰、澧州，江陵府，興國、臨江軍，有仙芝、玉津、先春、緑芽之類二十六等。兩浙及宣、江、鼎州，又以上中下或第一至第五爲號。散茶出淮南、歸州、江南、荆湖，有龍溪、雨前、雨後之類十一等。江、浙又有上中下或第一等至第五爲號者，民之欲茶者售於官。給其食用者，謂之食茶；出境者，則給券。商賈貿易，入錢若金帛京師榷貨務，以射六務、十三場。願就東南入錢若金帛者聽。凡民茶匿不送官及私販鬻者没入之，計其直論罪。園户輒毁敗茶樹者，計所出茶論如法。民造温桑僞茶，比犯真茶計直十分論二分之罪。主吏私以官茶貿易及一貫五百者，死。自後定法，務從輕減。太平興國二年，主吏盗官茶販鬻錢三貫以上，黥面送闕下。淳化三年，論直十貫以上，黥面配本州牢城。巡防卒私販茶，依舊條加一等論。凡結徒持杖[三]販易私茶，遇官司擒捕抵拒者，皆死。太平興國四年，詔鬻僞茶一斤杖一百，二十斤以上棄市。厥後，更改不一，載全史。

陳恕爲三司使將立茶法，召茶商數十人，俾條陳利害，第爲三等，具奏太祖曰：『吾視上等之説取利太深，此可行於商賈，不可行於朝廷。下等之説，固滅裂無取。惟中等之説，公私皆濟。吾裁損之，可以經久。行之數年，公用足而民富實。』太祖開寶七年，有司以湖南新茶異於常歲，請高其價以鬻之，太祖曰：『道則善，毋乃重困吾民乎？』即詔第復舊制，勿增價值。

熙寧三年，熙河運使以歲計不足，乞以官茶博糴。每茶三斤易粟一斛，其利甚溥。朝廷謂茶馬司本以博馬，不可以博糴於茶。馬司歲額外，增買川茶兩倍，朝廷別出錢二萬給之。令提刑司封樁，又令茶馬官程之邵兼轉運使，由是數歲邊用粗足。

神宗熙寧七年，幹當公事李杞入蜀經畫買茶，秦、鳳、熙、河博馬。王之[四]韶言，西人頗以善馬至邊交易，所嗜惟茶。

自熙豐以來，舊博馬皆以粗茶，乾道之末，始以細茶遺之。成都利州路十二州，産茶二千一百二萬斤，茶馬司所收，大較若此。

茶利，嘉祐間禁榷時，取一年中數，計一百九萬四千九十三貫八百八十五錢。治平間通商後，計取數一百一十七萬五千一百四貫九百一十九錢。

瓊山邱氏曰：後世以茶易馬，始見於此；蓋自唐世回紇入貢，先已以馬易茶，則西北之嗜茶有自來矣。

蘇轍《論蜀茶狀》：園户例收晚茶，謂之秋老黄茶，不限早晚，隨時即賣。

沈括《夢溪筆談》：乾德二年，始詔在京、建州、漢陽、蘄口各置榷貨務。五年，始禁私賣茶，從不應爲情理重。太平興國二年，删定禁法條貫，始立等科罪。淳化二年，令商賈就園户買茶，公於官場貼射，始行貼射法。淳化四年，初行交引，罷貼射法。西北入粟給交引，自通利軍始。是歲，罷諸處榷貨務，尋復依舊。至咸平元年，茶利錢以一百三十九萬二千一百一十九貫爲額。至嘉祐三年，凡六十一年，用此額，官本雜費皆在内，中間時有增虧，歲入不常。咸平五年，三司使王嗣宗始立三分法，以十分茶價，四分給香藥，三分犀象，三分茶引。六年，又改支六分香藥、犀象，四分茶引。景德二年，許人入中錢帛金銀，謂之三説。至祥符九年，茶引益輕，用知秦州曹瑋議，就永興、鳳翔以官錢收買客引，以救引價，前此累增加饒錢。至天禧[五]二年，鎮戎軍納大麥一斗，本價通加饒，共支錢一貫二百五十四。乾興元年，改三分法，支茶引三分，東南見錢二分半，香藥四分半。天聖元年，復行貼射法。行之三年，茶利盡歸大商，官場但得黄晚惡茶，乃詔孫奭重議，罷貼射法。明年，推治元議，省吏計覆官、旬獻官皆決配沙門島，元詳定樞密副使張鄧公、參知政事呂許公、魯肅簡各罰俸一月，御史中丞劉筠、入内内侍省副都知周文質、西上閤門使薛昭廓、三部副使各罰銅二十斤，前三司使李諮落樞密直學士，依舊知洪州。皇祐三年，算茶依舊只用見錢。至嘉祐四年二月五日，降敕罷茶禁。

洪邁《容齋隨筆》[六]：蜀茶税額總三十萬。熙寧七年，遣三司幹當公事李杞經畫買茶，以蒲宗閔同領其事，創設官場，增爲四十萬。後李杞以疾去，都官郎中劉佐繼之。蜀茶盡榷，民始病矣。知彭州呂陶言：天下茶法既通，蜀中獨行禁榷。杞、佐、宗閔作爲弊法，以困西南生聚。佐雖罷去，以國子博士李稷代之，陶亦得罪。侍御史周尹復極論榷茶爲害，罷爲河北提點刑獄。利路漕臣張宗諤、張升卿復建議廢茶場司，依舊通商，皆爲稷劾坐貶。茶場司行札子，督綿州彰明知縣宋大章繳奏，以爲非所當用，又爲稷詆坐衝替。一歲之間，通課利及息耗至七十六萬緡有奇。

熊蕃《宣和北苑貢茶録》：陸羽《茶經》、裴汶《茶述》皆不第建品，説者但謂二子未嘗至閩，而不知物之發也，固自有時。蓋昔者山川尚閟，靈芽未露。至於唐末，然後北苑出，爲之最。時僞蜀詞臣毛文錫作《茶譜》，亦第言建有紫筍，而蠟面乃產於福。五代之季，建屬南唐。歲率諸縣民採茶北苑，初造研膏，繼造蠟面，既又製其佳者，號曰京挺。本朝開寶末，下南唐。太平興國二年，特置龍鳳模，遣使即北苑造團茶，以別庶飲，龍鳳茶蓋始於此。又一種茶，叢生石崖，枝葉尤茂，至道初有詔造之，別號石乳。又一種號的乳，又一種號白乳。此四種出而臘面斯下矣。

真宗咸平中，丁謂爲福建漕，監御茶，進龍鳳團，始載之於《茶録》。仁宗慶曆中，蔡襄爲漕，改創小龍團以進，甚見珍惜，旨令歲貢，而龍鳳遂爲次矣。神宗元豐間，有旨造密雲龍，其品又加於小龍團之上。哲宗紹聖中，又改爲瑞雲翔龍。至徽宗大觀初，親製《茶論》二十篇，以白茶自爲一種，與他茶不同，其條敷闡，其葉瑩薄，崖林之間，偶然生出，非人力可致。正焙之有者不過四五家，家不過四五株，所造止於二三銙而已。淺焙亦有之，但品格不及。於是白茶遂爲第一。既又製三色細芽，及試新銙、貢新銙。自三色細芽出，而瑞雲翔龍又下矣。凡茶芽數品，最上曰小芽，如雀舌、鷹爪，以其勁直纖挺，故號芽茶。次曰揀芽，乃一芽帶一葉者，號一槍一旗。次曰中芽，乃一芽帶兩葉，號一槍兩旗，其帶三葉、四葉者漸老矣。芽茶早春極少。景德中，建守周絳爲《補茶經》，言芽茶只作早茶，馳奉萬乘嘗之可矣。如一槍一旗可謂奇茶也。故一槍一旗號揀芽，最爲挺特光正。舒王《送人官[七]閩中詩》云『新茗齋中試一旗』，謂揀芽也。或者謂茶芽未展爲槍，已展爲旗，指舒王此詩爲誤，蓋不知有所謂揀芽也。夫揀芽猶貴如此，而况芽茶以供天子之新嘗者乎！

夫芽茶絶矣。至於水芽，則曠古未之聞也。宣和庚子歲，漕臣鄭可簡始創爲銀絲水芽。蓋將已揀熟芽再爲剔去，只取其心一縷，用珍器貯清泉漬之，光明瑩潔如銀絲然。以制方寸新銙，有小龍蜿蜒其上，號龍團勝雪。又廢白、的、石乳，鼎造花銙二十餘色。初，貢茶皆入龍腦，至是慮奪真味，始不用焉。蓋茶之妙至勝雪極矣，故合爲首冠。然猶在白茶之次者，以白茶上之所好也。異時郡人黄儒撰《品茶要録》，極稱當時靈芽之富，謂使陸羽數子見之，必爽然自失。蕃亦謂使黄君而閱今日之品，則前此者未足詫焉。然龍焙初興，貢數殊少，累增至於元符，以斤計者一萬八千，視初已加數倍，而猶未盛。今則爲四萬七千一百斤有奇矣。此數見范逵所著《龍焙美成茶録》，逵茶官也。白茶、勝雪以次，厥名實繁，今列於左，使好事者得以觀焉：

貢新銙大觀二年造。　試新銙政和二年造。　白茶宣和二年造。

龍團勝雪宣和二年。　御苑玉芽大觀二年。　萬壽龍芽大觀二年。

上林第一宣和二年。　乙夜清供　承平雅玩

龍鳳英華　玉除清賞　啓沃承恩

雪英　雲葉　蜀葵

金錢宣和二年。　玉華宣和二年。　寸金宣和三年。

無比壽芽大觀四年。　萬春銀葉宣和二年。　宜年寶玉

玉清慶雲　無疆壽龍　玉葉長春宣和四年。

瑞雲翔龍紹聖二年。　長壽玉圭政和二年。　興國巖銙

香口焙銙　上品揀芽紹興二年。　新收揀芽

太平嘉瑞政和二年。　龍苑報春宣和四年。　南山應瑞

興國巖揀芽　興國巖小龍　興國巖小鳳以上號細色。

揀芽　小龍　小鳳

大龍　大鳳以上號粗色。

又有瓊林毓粹、浴雪呈祥、壑源供秀、貢篚推先、價倍南金、暘谷先春、壽巖却勝、延平石乳、清白可鑒、風韻甚高，凡十色，皆宣和二年所製，越五歲省去。

右茶歲分十餘綱，惟白茶與勝雪自驚蟄前興役，浹日乃成，飛騎疾

馳，不出仲春已至京師，號爲頭綱。玉芽以下，既先後以次發，逮貢足時，夏過半矣。歐陽公詩云：『建安三千五百里，京師三月嘗新茶。』蓋曩時如此，以今較昔，又爲最早。因念草木之微，有瑰奇卓異，亦必逢時而後出，而况爲士者哉？昔昌黎感二鳥之蒙採擢，而自悼其不如。今蕃於是茶也，焉敢傚昌黎之感，姑務自警而堅其守以待時而已。

外焙

石門　乳吉　香口

右三焙，常後北苑五七日興工，每日採茶蒸榨，以其黄悉送北苑併造。

《北苑别録》：先人作《茶録》，當貢品極盛之時，凡有四十餘色。紹興戊寅歲，克攝事北苑，閲近所貢皆仍舊。其先後之序亦同，惟躋龍團勝雪於白茶之上，及無興國巖小龍、小鳳，蓋建炎南渡，有旨罷貢三之一而省去之也。先人但著其名號，克今更寫其形製，庶覽之無遺恨焉。先是壬子春漕司再葺茶政，越十三載乃復舊額，且用政和故事，補種茶二萬株政和周曹種三萬株。比[八]年益虔貢職，遂有創增之目。仍改京挺爲大龍團，由是大龍多於大鳳之數。凡此皆近事，或者猶未之知也。三月初吉，男克北苑寓舍書。

貢新銙竹圈，銀模，方一寸二分。　試新銙同上。

龍團勝雪同上。　白茶銀圈，銀模，徑一寸五分。

御苑玉芽銀圈，銀模，徑一寸五分。　萬壽龍芽同上。

上林第一方一寸二分。　乙夜清供竹圈。

承平雅玩　龍鳳英華

玉除清賞

啓沃承恩俱同上。

雪英横長一寸五分。

雲葉同上。

蜀葵徑一寸五分。

金錢銀模，同上。

玉華銀模，横長一寸五分。

寸金竹圈，方一寸二分。

無比壽芽銀模，竹圈，同上。

萬春銀葉銀模，銀圈，兩尖徑二寸二分。

宜年寶玉銀圈，銀模，直長三寸。

玉清慶雲方一寸八分。

無疆壽龍銀模，竹圈，直長一寸。

玉葉長春竹圈，直長三寸六分。

瑞雲翔龍銀模，銀圈，徑二寸五分。

長壽玉圭銀模，直長三寸。

興國巖銙竹圈，方一寸二分。

香口焙銙同上。

上品揀芽銀模，銀圈。

新收揀芽銀模，銀圈，俱同上。

太平嘉瑞銀圈，徑一寸五分。

龍苑報春徑一寸七分。

南山應瑞銀模，銀圈，方一寸八分。興國巖揀芽銀模，徑三寸。

小龍　小鳳

大龍　大鳳俱同上。

北苑貢茶最盛，然前輩所録止於慶曆以上。自元豐後，瑞、龍相繼挺出，製精於舊，而未有好事者記焉，但於詩人句中及。大觀以來增創新銙，亦猶用揀芽。蓋水芽至宣和始有[九]，故[一〇]龍團勝雪與白茶角立，歲充[一一]首貢，自御苑玉芽以下厥名實繁。先子觀見時事，悉能記之，成編具存。今閩中漕臺所刊《茶録》未備，此書庶幾補其闕云。淳熙九年冬十二月四日，朝散郎行秘書郎、國史編修官學士院權直熊克謹記。

北苑貢茶綱次：

細色第一綱：

龍焙貢新　水芽　十二水　十宿火

正貢三十銙，創添二十銙。

細色第二綱：

龍焙試新　水芽　十二水　十宿火

正貢一百銙，創添五十銙。

細色第三綱：

龍團勝雪　水芽　十六水　十二宿火

正貢三十銙，續添二十銙，創添二十銙。

白茶　水芽　十六水　七宿火

正貢三十銙，續添五十銙，創添八十銙。

御苑玉芽　小芽　十二水　八宿火

正貢一百斤。

萬壽龍芽　小芽　十二水　八宿火

正貢一百片。

上林第一　小芽　十二水　十宿火

正貢一百銙。

乙夜清供　小芽　十二水　十宿火

正貢一百銙。

承平雅玩　小芽　十二水　十宿火

正貢一百銙。

龍鳳英華　小芽　十二水　十宿火

正貢一百銙。

玉除清賞　小芽　十二水　十宿火

正貢一百銙。

啓沃承恩　小芽　十二水　十宿火

正貢一百銙。

雪英　小芽　十二水　七宿火

正貢一百銙。

雲葉　小芽　十二水　七宿火

正貢一百片。

蜀葵　小芽　十二水　七宿火

正貢一百片。

金錢　小芽　十二水　七宿火

正貢一百片。

寸金　小芽　十二水　七宿火

正貢一百銙。

細色第四綱：

龍團勝雪，見前。

正貢一百五十銙。

無比壽芽　小芽　十二水　十五宿火

正貢五十銙，創添五十銙。

萬春銀葉　小芽　十二水　十宿火

正貢四十片，創添六十片。

宜年寶玉　小芽　十二水　十宿火

正貢四十片，創添六十片。

玉清慶雲　小芽　十二水　十五宿火

正貢四十片，創添六十片。

無疆壽龍　小芽　十二水　十五宿火

正貢四十片，創添六十片。

玉葉長春　小芽　十二水　七宿火

正貢一百片。

瑞雲翔龍　小芽　十二水　九宿火

正貢一百片。

長壽玉圭　小芽　十二水　九宿火

正貢二百片。

興國巖銙　中芽　十二水　十宿火

正貢一百七十銙。

香口焙銙　中芽　十二水　十宿火

正貢五十銙。

上品揀芽　小芽　十二水　十宿火

正貢一百片。

新收揀芽　中芽　十二水　十宿火

正貢六百片。

細色第五綱：

太平嘉瑞　小芽　十二水　九宿火

正貢三百片。

龍苑報春　小芽　十二水　九宿火

正貢六十片〔一二〕，創添六十片。

南山應瑞　小芽　十二水　十五宿火

正貢六十片〔一三〕，創添六十銙。

興國巖揀芽　中芽　十二水　十宿火

正貢五百十片。

興國巖小龍　中芽　十二水　十五宿火

正貢七百五片。

興國巖小鳳　中芽　十二水　十五宿火

正貢五十片。

先春雨色

太平嘉瑞，同前。　正貢二百片。

長壽玉圭，同前。　正貢一百片。

續入額四色：

御苑玉芽，同前。　正貢一百片。

萬壽龍芽，同前。　正貢一百片。

無比壽芽，同前。　正貢一百片。

瑞雲翔龍，同前。　正貢一百片。

粗色第一綱：

正貢：

不入腦子上品揀芽小龍，一千二百片，六水，十宿火；

入腦子小龍，七百片，四水，十五宿火。

增添：

不入腦子上品揀芽小龍，一千二百片；

入腦子小龍，七百片；

建寧府附發小龍茶，八百四十片。

粗色第二綱：

正貢：

不入腦子上品揀芽小龍，六百四十片；

入腦子小龍，六百七十二片；

入腦子小鳳，一千三百四十片，四水，十五宿火；

入腦子大龍，七百二十片，二水，十五宿火；

入腦子大鳳，七百二十片，二水，十五宿火。

增添：

不入腦子上品揀芽小龍，一千二百片；

入腦子小龍，七百片；

建寧府附發小鳳茶，一千三百片。

粗色第三綱：

正貢：

不入腦子上品揀芽小龍，六百四十片；

入腦子小龍，六百四十片；

入腦子小鳳，六百七十二片；

入腦子大龍，一千八百片；

入腦子大鳳，一千八百片。

增添：

不入腦子上品揀芽小龍，一千二百片；

入腦子小龍，七百片；

建寧府附發大龍茶，四百片，大鳳茶，四百片。

粗色第四綱：

正貢：

不入腦子上品揀芽小龍，六百片；

入腦子小龍三百三十六片；

入腦子小鳳，三百三十六片；

入腦子大龍，一千二百四十片；

入腦子大鳳，一千二百四十片；

建寧府附發大龍茶，四百片；大鳳茶，四百片。

粗色第五綱：

正貢：

入腦子大龍，一千三百六十八片；

入腦子大鳳，一千三百六十八片；

京鋌改造大龍，一千六百片；

建寧府附發大龍茶，八百片；大鳳茶，八百片。

粗色第六綱：

正貢：

入腦子大龍，一千三百六十片；

入腦子大鳳，一千三百六十片；

京鋌改造大龍，一千六百片；

建寧府附發大龍茶，八百片，大鳳茶，八百片；又京鋌改造大龍，

一千二百片。

粗色第七綱：

正貢：

入腦子大龍，一千二百四十片；

入腦子大鳳，一千二百四十片；

京鋌改造大龍，二千三百二十片；

建寧府附發大龍茶，二百四十片；大鳳茶，二百四十片；又京鋌

改造大龍，四百八十片。

細色五綱：

貢新爲最上，後開焙十日入貢。龍團爲最精，而建人有直四萬錢之語。夫茶之入貢，圈以箬葉，内以黄斗，盛以花箱，護以重篚，花箱内外又有黄羅冪之，可謂什襲之珍矣。

粗色七綱：

揀芽以四十餅爲角，小龍鳳以二十餅爲角，大龍鳳以八餅爲角，圈以箬葉，束以紅縷，包以紅紙，緘以蒨綾，惟揀芽俱以黄焉。

《金史》：茶自宋人歲供之外，皆貿易於宋界之榷場。世宗大定十六年，以多私販，乃定香茶罪賞格。章宗承安三年，命設官製之。以尚書省令史往河南視官造者，不嘗其味，但採民言，謂爲温桑實非茶也，還即白上；以爲不幹，杖七十，罷之。四年三月，於淄、密、寧、海、蔡州各置一坊造茶。照南方例，每斤爲袋，直六百文。後令每袋減三百文。五年春，罷造茶之坊。六年，河南茶樹槁者，命補植之。十一月，尚書省奏禁茶，遂命七品以上官，其家方許食茶，仍不得賣及饋獻。七年，更定食茶制。八年，言事者以止可以鹽易茶，省臣以爲所易不廣，兼以雜物博易。宣宗元光二年，省臣以茶非飲食之急，今河南、陝西凡五十餘郡，郡日食茶率二十袋，直銀二兩，是一歲之中妄費民間三十餘萬也。奈何以吾有用之貨而資敵乎？乃制親王、公主及現任五品以上官素蓄存者存之；禁不得買饋，餘人並禁之。犯者徒五年，告者賞寶泉一萬貫。

《元史》：本朝茶課，由約而博，大率因宋之舊而爲之制焉。至元六年，始以興元交鈔同知運使白賡言，初榷成都茶課。十三年，江南平，左丞吕文煥首以主茶税爲言，以宋會五十貫，準中統鈔一貫。次年，定長引、短引，是歲徵一千二百餘錠。泰定十七年，置榷茶都轉運使司於江州路，總江淮、荆湖、福廣之稅，而遂除長引，專用短引。二十一年，免食茶稅以益正稅。二十三年，以李起南言，增引稅爲五貫。二十六年，丞相桑哥增爲一十貫。延祐五年，用江西茶運副法忽魯丁言，減引添錢，每引再增爲一十二兩五錢。次年，課額遂增爲二十八萬九千二百一十一錠矣。天曆已巳罷榷司而歸諸州縣，其歲徵之數，蓋與延祐同。至順之後，無籍可考。他如范殿帥茶，西番大葉茶，建寧銙茶，亦無從知其始末，故皆不著。

《明會典》：陝西置茶馬司四：河州、洮州、西寧、甘州，各司並赴徽州茶引所批驗，每歲差御史一員巡茶馬。明洪武間，差行人一員，賫榜文於行茶所在縣示以肅禁。永樂十三年，差御史三員，巡督茶馬。正統十四年，停止茶馬金牌，遣行人四員巡察。景泰二年，令川、陝布政司各委官巡視，罷差行人。四年，復差行人。成化三年，奏准每年定差御史一員陝西巡茶。十一年，令取回御史，仍差行人。十四年，奏准定差御史一員，專理茶馬，每歲一代，遂爲定例。弘治十六年，取回御史，凡一應茶法，悉聽督理馬政都御史兼理。十七年，令陝西每年於按察司揀憲臣一員駐洮，巡禁私茶；一年滿日，擇一員交代。正德二年，仍差巡茶御史一員兼理馬政。光禄寺衙門，每歲福建等處解納茶葉一萬五千斤，先春等茶芽三千八百七十八斤，收充茶飯等用。

《**博物典彙**》云：本朝捐茶，利予民而不利其入。凡前代所設榷務、貼射，交引、茶由諸種名色，今皆無之，惟於四川置茶馬司四所，於關津要害置數批驗茶引所而已。及每年遣行人於行茶地方，張挂榜文，俾民知禁。又於西番入貢爲之禁限，每人許其順帶有定數，所以然者，非爲私奉，蓋欲資外國之馬，以爲邊境之備焉耳。

洪武五年，户部言：四川産巴茶凡四百四十七處，茶户三百一十五，宜依定制，每茶十株，官取其一，歲計得茶一萬九千二百八十斤，令有司貯候西番易馬。從之。至三十一年，置成都、重慶、保寧三府及播州宣慰司茶倉四所，命四川布政司移文天全六番招討司，將歲收茶課，仍收碉門茶課司，餘地方就送新倉收貯，聽商人交易及與西番易馬。茶課歲額五萬餘斤，每百加耗六斤，商茶歲中率八十斤，令商運賣，官取其半易馬。納馬番族，洮州三十，河州四十三，又新附歸德所生番十一，西寧十三。茶馬司收貯，官立金牌信符爲驗。洪武二十八年，駙馬歐陽倫以私販茶撲殺，明初茶禁之嚴如此。

《武夷山志》：茶起自元初，至元十六年，浙江行省平章高興過武夷，製石乳數斤入獻。十九年，乃令縣官莅之，歲貢茶二十斤，採摘户凡八十。

大德五年，興之子久住爲邵武路總管，就近至武夷督造貢茶。明年創焙局，稱爲御茶園。有仁風門、第一春殿、清神堂諸景。

又有通仙井，覆以龍亭，皆極丹雘之盛，設場官二員領其事。後歲額浸廣，增户至二百五十，茶三百六十斤，製龍團五千餅。泰定五年，崇安令張端本重加修葺，於園之左右各建一坊，扁曰茶場。至順三年，建寧總管暗都剌於通仙井畔築臺，高五尺，方一丈六尺，名曰喊山臺。其上爲喊泉亭，因稱井爲呼來泉。舊志云：祭後群喊而水漸盈，造茶畢而遂涸，故名。迨至正末，額凡九百九十斤。明初仍之，著爲令。每歲驚蟄日，崇安令具牲醴詣茶場致祭，造茶入貢。洪武二十四年，詔天下産茶之地，歲有定額，以建寧爲上，聽茶户採進，勿預有司。

茶名有四：探春、先春、次春、紫笋，不得碾揉爲大小龍團，然而祀典貢額猶如故也。嘉靖三十六年，建寧太守錢𡾰，因本山茶枯，令以歲編茶夫銀二百兩及水脚銀二十兩賫府造辦。自此遂罷茶場，而崇民得以休息。御園尋廢，惟井尚存。井水清甘，較他泉迥異。仙人張邋遢過此飲之，曰：『不徒茶美，亦此水之力也。』

我朝茶法，陝西給番易馬，舊設茶馬御史，後歸巡撫兼理。各省發引通商，止於陝境交界處盤查。凡産茶地方，止有茶利而無茶累，深山窮谷之民，無不沾濡雨露，耕田鑿井，其樂昇平，此又有茶以來希遇之盛也。

雍正十二年七月既望陸廷燦識

【注】

［一］底本無『税』字。

〔二〕底本無『之』字。

〔三〕杖：底本作『仗』。

〔四〕之：底本作『上』。

〔五〕禧：底本作『祐』。

〔六〕容齋隨筆：底本誤作『容齊隨筆』。

〔七〕底本無『官』字。

〔八〕比：底本作『此』。

〔九〕有：底本作『名』。

〔一〇〕故：底本作『顧』。

〔一一〕充：底本作『元』。

〔一二〕片：底本作『篇』。

［一三］片：底本作『銙』。